世界のしくみ まるわかり図鑑

リチャード・プラット　ジェイムズ・ブラウン　三枝小夜子 訳

柏書房

世界のしくみ まるわかり図鑑

もくじ

いろいろな結び方	4–5
雲の分類	6–7
太陽系の仲間	8–9
活字の構造	10–11
人体の骨格	12–13
通話表、モールス信号、手旗信号のアルファベット	14–15
原子の構造	16–17
黄金比とフィボナッチ数列	18–19
音楽を書き表す演奏記号	20–21
自転車の構造	22–23
地球の内部構造と大気	24–25
ギリシャ文字のアルファベット	26–27
ねじと釘	28–29

不可能図形のトリック	30-31
プレートと時間帯	32-33
人間の目	34-35
船員の当直と国際信号旗	36-37
飛行機の原理	38-39
春分・夏至・秋分・冬至	40-41
川の流域	42-43
元素の周期表	44-45
画家やデザイナーのための鉛筆と絵筆	46-47
月の満ち欠け	48-49
人体の臓器	50-51
正多角形とタイル貼り問題	52-53
オーケストラの楽器の配置	54-55
潮の満ち干	56-57
ローマ数字	58-59
鉱物の硬さを示すモース硬度	60-61
紙の寸法の国際規格	62-63

世界のしくみまるわかり図鑑

いろいろな結び方

ロープの結び方には数えきれないほどの種類がある。だがほとんどは、いくつかの便利な結び方のバリエーションだ。昔はいろいろな仕事でロープを使っていたので、仕事ごとに結び方の名前が違っていた。結び目は形がきれいで面白いだけでなく、数学の一分野にもなっている。

船

を走らせるのにロープが欠かせなかった時代には、船乗りはロープ結びの達人で、17世紀には結び方についての本まで書いていた。ロープ結びは陸の上の仕事にも利用されていた。ほかとは違った結び方も多かったが、同じ結び方を違う名前で呼んでいたものも多かった。船乗りが帆船の縄ばしごを作るのに使っていた「巻き結び」は、建設現場では「大工結び」と呼ばれていた。サーカスでテントを張る係の人にとっては、雨の日にほどきにくくなる「晴れ結び」だった。そのほか、マクラメ細工（太いひもを結び合わせて模様を作る室内装飾品）の職人、弓の射手、粉屋、網屋、猟師、漁師も、この結び方を自分たちの名前で呼んでいた。

「縮め結び」は、海の上ではぞっとするような用途に使われていた。ロープを一時的に短くすることができるため、帆桁（ほげた）で絞首刑を行うのに欠かせない結び方だったのだ。

パン屋結び

結ぶのはロープやひもだけではない。柔らかいパン生地を細長く伸ばして「止め結び」にし、ゴマや塩をふりかけて焼けば、おいしいプレッツェルができる。

控え目なスペシャリスト

単純な結び方は、とても洗練されている。たとえば、釣糸はすべりやすいナイロンでできているため、ロープ用の結び方の多くが使えないが、「てぐす結び」ならしっかり結べる。

「もやい結び」は岩登りに向いている。結び目の輪になっているところを引っぱれば必ず緩められるため、急いでいるときにも簡単にほどける。逆に言えば、思いがけないときにほどけてしまうことがあるため、登山家は「もやい結び」に「止め結び」をして補強する。「止め結び」は、少し練習すれば片手でも結べる単純な結び方だが、固くしまり、ロープの端が滑車からすっぽ抜けるのを防いでくれる。

現在のペルーを中心に栄えたインカ帝国には文字がなかったため、縄に結び目を作る「キープ」という方法で数字を記録していた。

頭の体操をどうぞ

ひもを1本用意して、左手で一方の端を持ち、右手でもう一方の端を持とう。どちらの手のひもも離すことなく、結び目を作ってみよう。できない？ ちょっとしたコツがあるんだ！ 答えは、本を逆さにしてどうぞ。

答え：両腕を結ぶように組んだものを持ち、腕組みをほどく。

数学になった結び目

1880年代には、数学者が結び目の研究に打ち込んでいた。きっかけは、アイルランドの科学者ケルヴィン卿が提唱した渦原子仮説だった。当時、宇宙はエーテルというガス状の物質に満たされていると考えられていたが、ケルヴィン卿は、元素（44〜45ページ参照）にいろいろな種類があるのは、エーテルの渦がさまざまな形の結び目を作っているからではないかと考えたのだ。この仮説から始まった結び目理論では、ひもが交差する回数によって結び目が分類された。それから30年ほどして原子の構造が明らかになり、さまざまな元素が存在する理由もうまく説明できるようになると、渦原子仮説はほとんど忘れられてしまった。けれども、DNAの研究から量子コンピューターまで、結び目理論は今日もあらゆる分野で使われている。

世界のしくみまるわかり図鑑

雲の分類

ふんわりした白い雲や今にも雨を降らせそうな灰色の雲は、創造と破壊を運んでくる。雲は作物に恵みの雨と激しい嵐の両方をもたらす。研究の歴史は長いが、私たちはまだ、雲が雨を降らせるしくみを十分理解できていない。

同じ雲が二つとしてないことは誰にでもわかる。けれども、雲を分類して名前をつけようと思いつく人はなかなかいない。イギリスの化学者ルーク・ハワードが雲を分類したのは200年前のこと。ハワードはまず、巻雲、積雲、層雲の三つの分類を作ったが、分類しにくい雲もあったため、のちに巻積雲、巻層雲、積層雲、乱雲の四つを追加した。

ハワードの論文がきっかけとなり、天気や気候を科学的に研究する気象学という学問が生まれた。彼の『気象学七講』(1837年) は、気象学の最初の教科書だ。

天にものぼる心地

この上なく幸せな気分のことを、英語で「on cloud nine (9番目の雲の上)」と言う。この言い回しはどこから来たのだろう？ 本当のところはわからないが、ルーク・ハワードによる分類で、雲が9種類あるからだと説明されることが多い。けれどもこれは明らかに間違っている。ハワードの分類では雲は7種類しかないからだ。

名声と反発

雲を分類したハワードは有名人になったが、当時は、「巻雲」「積雲」「層雲」などのラテン語の名前が堅苦しいと言って激しく反発する人もいた。私たちはハワードがつけた名前に慣れているので特になんとも思わないが、ふつうの英語の名前をつけるべきだというライバルたちの提案が受け入れられていたら、「群雲」「房雲」「山雲」「羽根弓雲」と呼んだり、「こんもり雲」「ばらばら雲」「衰弱雲」「合体雲」と呼んだりしていたかもしれない。

雲の上の人

ハワードには多くのファンがいた。しかし、ドイツの文豪ゲーテから初めて手紙を受け取ったときには、相手があまりにも大物だったので、友人のいたずらだろうと思ってしまった。ゲーテはその後、ハワードのために雲の詩まで書いた。

雲をつかむような話

雲は非常に大きくて重く、途方もない量のエネルギーを蓄えている。熱帯の積乱雲が蓄えるエネルギーは600テラジュール (ジュールは仕事やエネルギーの単位で、1テラジュールは1兆ジュール。1gの水の温度を1℃上げるのに必要なエネルギーは約4.2ジュール) にもなる。これだけあれば、イギリスの首都ロンドンに36時間にわたって明かりをともし続けることができる。雲の高さは1万8000mを超えることもあり、世界で最も高い山の2倍以上だ。重さは100万トンにもなる。

それならなぜ、雲は空に浮かんでいられるのだろう？ 雲は地上付近で暖められた空気が、水蒸気を上空に運んでいくことで発生する。水蒸気は上空で冷えて水滴になると雲ができるが、このときに熱を放出し、周囲に比べて暖かくなるため、浮力で上昇を続けるのだ。

雲についての質問には、答えられないものが多い。雲がこんなに速く上昇できる理由も、何が雲の大きさを決めているのかも、雲の中で何が起きているのかもわからない。雲が雨になる仕組みについては、この50年間に4つの理論が登場した。有力なのは、2013年に発表された「タングリング・クラスタリング・インスタビリティー」という呪文のような名前の理論だ。謙虚な化学者が雲に名前をつけてから200年になるが、まだまだわからないことだらけだ。

象の雲

ヒンズー教や仏教の神話では、象の神の魂が空を歩いているのが雲だとされている。ヒンズー教の神話に登場する象は、「雲の象」を意味するアイラーヴァタという名前で、積雲のように真っ白な象として描かれる。

世界のしくみまるわかり図鑑

太陽系の仲間

ニコラウス・コペルニクスが1543年に地動説を発表するまで、ほとんどの人は天動説を信じていた。これは、太陽や星や惑星が、地球を中心とする幾重にも重なった透明な天球に貼りついて回転しているとする考え方だ。

天動説でも天体の運動をそれなりに予想することができ、聖書の教えとも一致していたため、人々は不満を感じていなかった。だから、地球やその他の惑星が太陽のまわりを回っているとするコペルニクスの地動説が発表されても、人々はおおむね無視していた。地動説が注目されるようになったのは、1610年になってからだった。この年、イタリアの天文学者ガリレオ・ガリレイが、発明されたばかりの望遠鏡を使って正確な観測を行ったことで、コペルニクスの正しさが証明されたのだ。

惑星と曜日
英語の曜日には太陽系の天体にちなんだ名前のものがある。月曜日（Monday）は月（Moon）、土曜日（Saturday）は土星（Saturn）、日曜日（Sunday）は太陽（Sun）だ。ほかの曜日の名前は北欧神話の神々にちなんでいて、火曜日（Tuesday）は軍神ティール（Tyrr）、水曜日（Wednesday）は主神オーディン（Odin）、木曜日（Tursday）は雷神トール（Thor）、金曜日（Friday）は愛の女神フリッグ（Frigg）に由来する。

冥府の王の降格
1930年に発見された冥王星は太陽から最も遠い惑星だったが、2006年に「準惑星」に格下げされた。なぜか？ 太陽のまわりを回る冥王星より大きい天体がいくつもあるのに、どれも惑星として認められていないからだ。

ガリレオの見落とし

ガリレオは太陽に近い六つの惑星しか知らなかった。天王星と海王星は見ていたが惑星ではなく恒星だと思っていたし、冥王星が発見されたのは何世紀も後のことだ。

ガリレオが見落としたのも無理はない。この三つの天体は太陽から非常に遠く、肉眼で見えるのは天王星だけだ。太陽から天王星、海王星、冥王星までの距離は、太陽から地球までの距離のそれぞれ20倍、30倍、40倍もある。太陽がニューヨークにあり、地球がワシントンにあるとすると、冥王星はニュージーランドにあることになる。

火星人を探して

地球以外の惑星にも生命はいるのだろうか？ いくつかの惑星については、すぐに否定できる。たとえば、天王星と海王星は温度が低すぎて生物は生きられない。土星と木星は全体がガスでできていて地面がない。太陽に最も近い水星の最高気温は金属が溶けるほどの高温だ。

厚い雲に覆われた金星は、以前は生命にとってなかなか良さそうな場所だと思われていた。1903年には、スウェーデンの科学者スヴァンテ・アーレニウスが、金星は「ずぶ濡れになるほど湿度が高く」で「湿地だらけ」だろうと想像している。けれどもその後、この雲の中を飛んだ探査機によって、金星の大気がカラカラに乾いていて、焼けるように高温で、成分のほとんどが二酸化炭素であることが明らかになった。

残るは火星だ。19世紀の天文学者たちは、火星の表面に水路のような模様があるのを見て、火星人が建設した運河にちがいないと考えた。やがて、水路に見えたのは目の錯覚だったことがわかったが、2015年に、火星の表面に液体の水があることが探査機によって確認された。水は、地球の動植物のように炭素を基礎にして作られている生命には欠かすことのできない物質だ。

火星に生命がいるとしたら、どんな姿をしているだろう？ 緑の小人のイメージは忘れてほしい。残念ながら、たぶん人ではなくて細菌だから。

秒速30万kmで進む光は太陽を出て約8分で地球に届くが、冥王星に届くにはさらに5時間ほどかかる。

惑星	太陽からの平均距離	直径
水星	57,910,000 km	4,880 km
金星	108,200,000 km	12,100 km
地球	149,596,000 km	12,760 km
火星	227,940,000 km	6,790 km
木星	778,000,000 km	142,800 km
土星	1,433,449,000 km	120,660 km
天王星	2,876,679,000 km	51,110 km
海王星	4,503,444,000 km	49,520 km

世界のしくみまるわかり図鑑

活字の構造

今日の活字は完全にデジタル化されているが、活字の構造は、15世紀にドイツのヨハネス・グーテンベルクの印刷所で活字の父型(ふけい)を削り出していた職人や、活字鋳造(ちゅうぞう)機で活字をつくっていた職人にとってもなじみのあるものだったはずだ。

字を組んだ版を使って印刷する活版印刷は、ドイツのマインツに住む金細工師ヨハネス・グーテンベルクの印刷所で始まった。活版印刷が生まれたのは中国だが、これを実用的な技術にしたのはグーテンベルクだ。活版印刷には大量の活字が必要になる。活字は、溶かした鉛を活字鋳造機に流し込んで1文字ずつつくっていく。できた活字を並べて1ページの版に組み、活版にインクをつけ、湿らせた紙を上に載せ、圧力をかけてインクを紙に転写する。

グーテンベルクの活版印刷技術のほとんどは、ほかから借りてきたものだった。印刷機はブドウ園のブドウ絞り機をヒントにしたものだったし、紙は写本をつくる修道士から、インクは油絵画家からヒントを得ていた。皮肉なことに、彼の真に独創的な発明はほとんど忘れられている。

グーテンベルクの発明の核心は、二つのパーツを組み合わせた木製の立体パズルのような活字鋳造機にあった。文字が凹状に刻んである母型(ぼけい)をセットした鋳造機を手にもち、上から溶けた鉛を流し込めば、冷え固まって文字が凸状に出た活字ができる。この鋳造機を使うことで、経験の浅い職人でも1日に1500個の活字をつくることができた。

超絶技巧

一方、母型をつくるには熟練の技が必要だった。母型に刻まれた凹状の文字は、鋼鉄から削り出した凸状の文字の原型(父型)を打ち込むことによってつくられる。

グーテンベルクの印刷所で父型を彫っていた職人たちは、活字デザイナーのはしりだった。彼らにとって、「レッグ」「アイ」「カウンター」「セリフ」「ボウル」は、活字の一部分の名前以上のものであり、形を整えるために削らなければならない小さな鋼鉄の破片だった。職人は、これを熟練の技でやってのけた。彼らは、鋼鉄をほんの少しだけ削って、セリフを0.001mmだけ細くすることもできた。

今日の活字デザインソフトは、大文字の高さの1000分の1の精度で活字をデザインすることができる。あなたが今読んでいる活字で言えば、約0.004mmだ。

グーテンベルクが発明によって財をなすことはなかった。彼はビジネスパートナーだったヨハン・フストから多額の資金を借りていたが、その返済を突然迫られ、印刷機と仕事と聖書を奪われてしまった。

活字鋳造機

大文字の「W」から小文字の「i」まで、活字の文字幅にはばらつきがある。グーテンベルクのハンド・モールド（手鋳込み式活字鋳造機）は二つのパーツを組み合わせた構造になっていて、パーツを互いにずらすことにより、一つの鋳造機でどんな幅の活字でもつくることができた。これを手にもっ

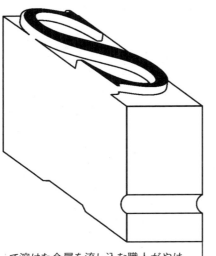

て溶けた金属を流し込む職人がやけどをするのを防ぐため、外側は木製のカバーでおおわれていた。

美しい活字

ラテン語のアルファベットは26文字しかないが、グーテンベルクは、手書きのラテン語聖書に負けないくらい美しい本を作ろうとして、26種類よりはるかに多くの活字を彫らせた。彼が1454年に印刷した聖書には290種類もの活字が使われていた。

グーテンベルク聖書

グーテンベルクは200冊以上の聖書を印刷するという大事業をなしとげた。多くは紙に印刷されたが、5000頭の牛の胎児の皮で作った羊皮紙に印刷された豪華版もあった。

グーテンベルクの活字によって、金持ちの宝物だった書物は、誰にでも手の届くものになり、知識の普及に役立つことになった。

＊＊＊＊＊＊＊＊＊＊＊＊＊＊＊＊＊＊＊＊＊

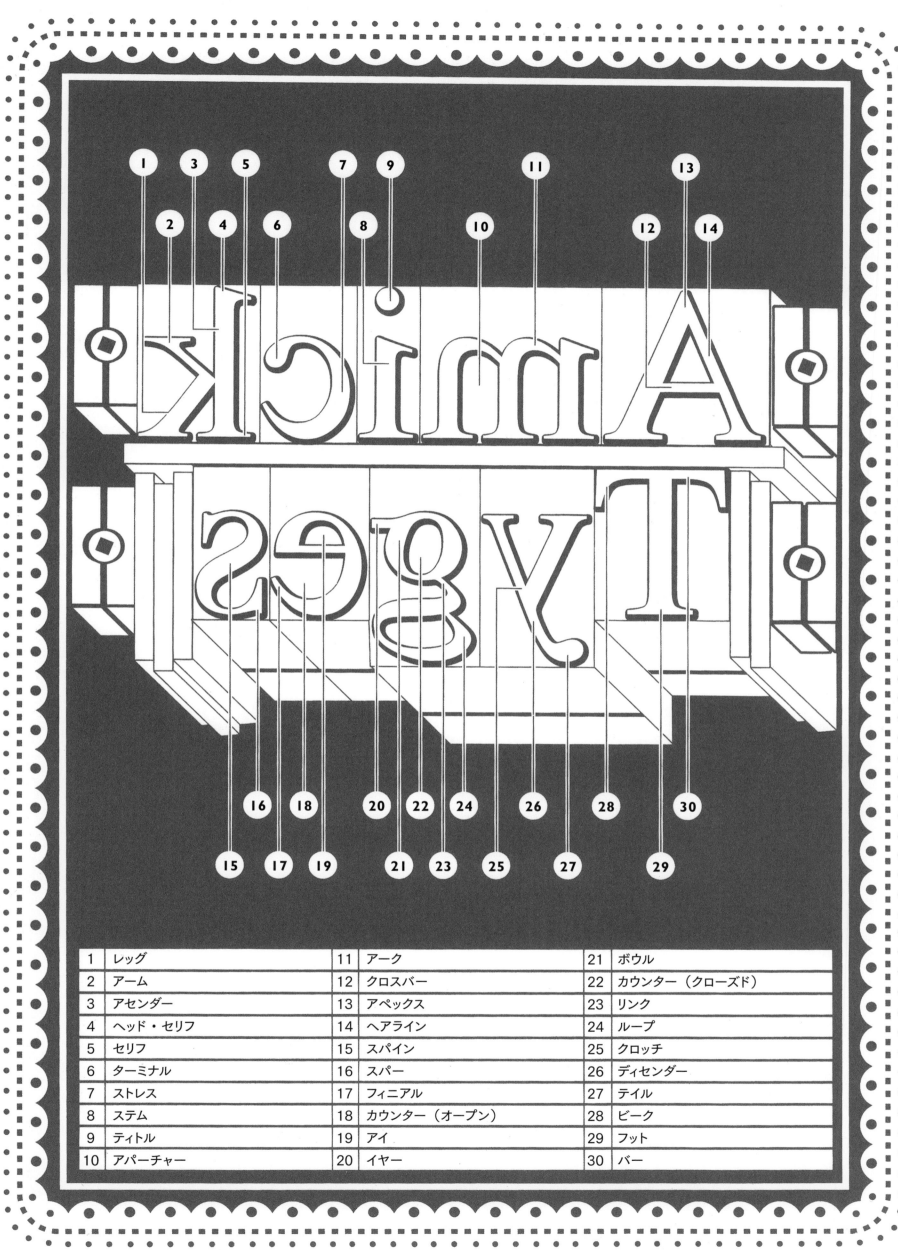

1	レッグ	11	アーク	21	ボウル
2	アーム	12	クロスバー	22	カウンター（クローズド）
3	アセンダー	13	アペックス	23	リンク
4	ヘッド・セリフ	14	ヘアライン	24	ループ
5	セリフ	15	スパイン	25	クロッチ
6	ターミナル	16	スパー	26	ディセンダー
7	ストレス	17	フィニアル	27	テイル
8	ステム	18	カウンター（オープン）	28	ビーク
9	ティトル	19	アイ	29	フット
10	アパーチャー	20	イヤー	30	バー

世界のしくみまるわかり図鑑

人体の骨格

骨は自然がつくり出した奇跡だ。石のような物質からできているので
非常に強いが、中が空洞になっているため非常に軽く、
スポーツ選手は自分の頭より高く飛び上がることができる。

206個の骨からなる骨格がどれだけすばらしい仕事をしているかは、そのうちの1個が折れたときにはじめてわかる。骨の重さは全体重の15分の1にしかならないが、とてつもなく大きい圧力に耐えることができる。たとえば、子どもの腕の骨は、1本で自動車1台を支えられるだけの強さがある。こんなに硬い骨からできているのに、私たちの体はよく曲がり、体のどこがかゆくなっても手で掻くことができる。

予備の骨?
200人に1人は肋骨が1本または2本多く、500人に1人は手か足の指が1本多い。

骨は、体にミネラルとエネルギーを蓄えるうえで重要な役割を果たしている。

骨がこうした驚異的な能力をもつのは、リン酸カルシウムという鉱物でできているからだ。体の成長にともない必要な部位に正確に沈着するリン酸カルシウムは、エンジニアにとって夢の物質だ。同じ重さで比べると、骨はコンクリートの10倍も強い。

骨の数はいくつ?

こんなに硬い骨からできた体が思いのままに動くのは、多くの骨が関節によってつながり、ずらしたり、ねじったり、曲げたりできるからだ。ところで、私たちの体にはいくつの骨があるのだろう? 骨の数は、年齢によっても、どう数えるかによっても違ってくる。成長とともに骨と骨がくっつくため、子どもは大人よりはるかに多くの骨をもつ。たとえば、脊柱の終わりの、祖先の類人猿には尾があったところには、子どものうちは4個の骨があるが、大人になると1個の尾骨になる。

ごく小さな骨も数に入れると、ふつうの大人でも206個よりずっと多くの骨がある。耳の中には砂粒のような耳石があり、平衡感覚にかかわっている。また、年齢を重ねるにつれ、腱や筋肉の中の力が加わる部分に種子骨という小さい骨ができてくる。さらに、脳の奥深いところにある松果体には、脳砂という砂粒のように小さな骨ができてくるが、原因は不明だ。

骨は語る

私たちが死んだときに最後に残るのは骨だ。火葬せずに埋葬した遺体は数年で分解されるが、骨は何百万年も残る。歯医者は遺体の歯を手がかりにして身元を特定する。科学捜査官は遺体の骨格から年齢と性別を推定する。考古学者は骨の大きさと形から生前の職業まで推定する。

指が鳴る
指を曲げるとポキッと音がすることがあるが、これは、骨と骨のすき間を満たす液体の中にできた気泡がはじける音だ。

笑えない痛み
肘をぶつけるとビリッとした痛みが走るが、英語ではこの場所を「funny bone(おもしろ骨)」と言う。実際にはそのような骨はなく、ここを通る神経が圧迫されることで奇妙な感覚が生じるのだ。

骨の髄まで
動物の長骨の中には脂肪を多く含む骨髄が入っていて、調理するととてもおいしい。考古学者は、私たちの遠い祖先は共食いをしていたと考えている。初期人類の骨の中に、骨髄を食べるために意図的に割られたと思われるものが見つかっているからだ。

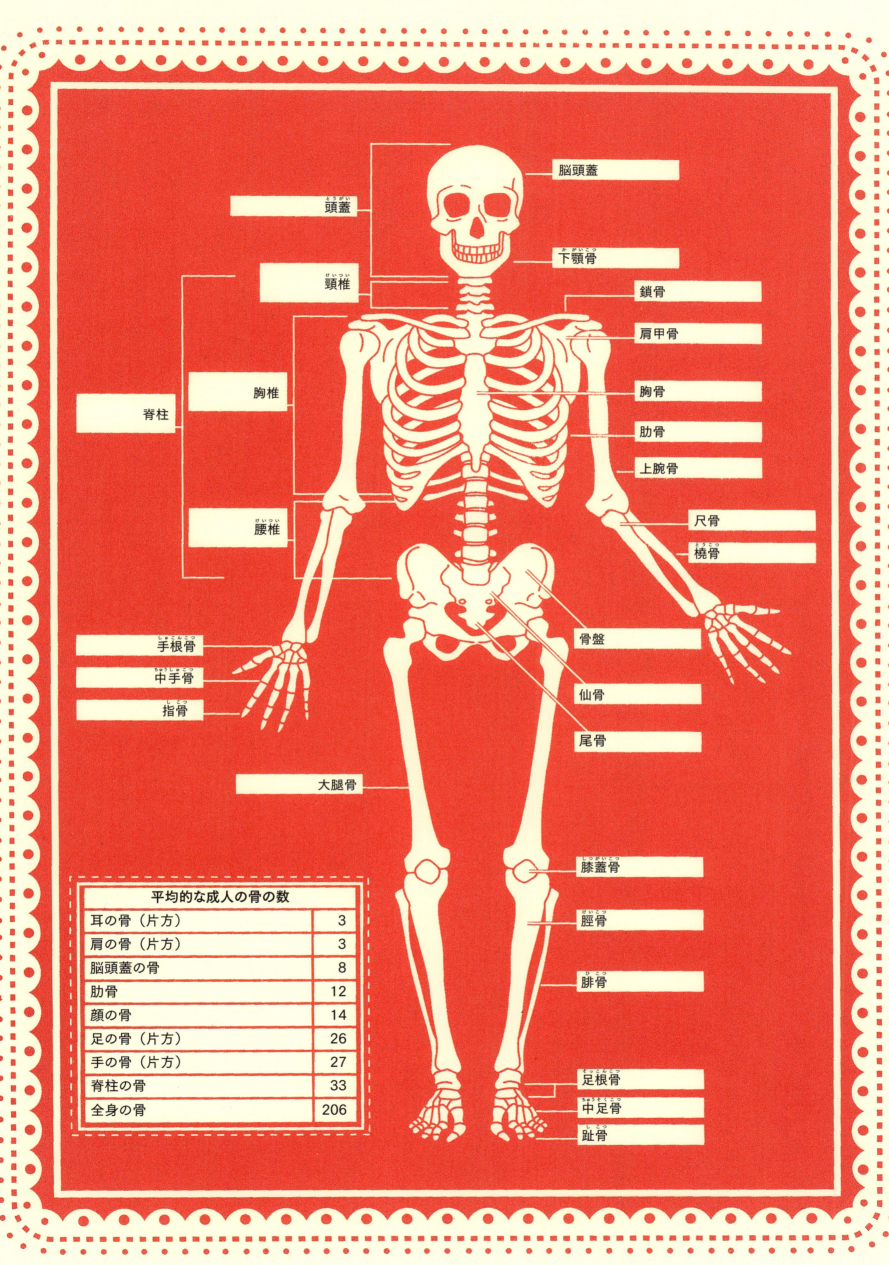

世界のしくみまるわかり図鑑

通話表、モールス信号、手旗信号のアルファベット

手旗の上げ下げやモールス信号の
短点（・）と長点（ー）の組み合わせによって
アルファベットの文字を表したものを通信符号という。

今では遠く離れた人にメッセージを送るのはそれほど難しいことではないが、昔は、伝令を乗せた馬が走れる速度よりも速くニュースが伝わることはなかった。1791年、フランスでテレグラフという腕木通信網が広まると、状況は一変した。テレグラフとは「遠くに書くもの」という意味だが、その名のとおり、信号塔の屋根の上に備えつけられた腕木を動かして暗号メッセージの形にすると、離れたところにある次の信号塔が腕木を同じ形にして、さらに次に伝えていくというものだった。

19世紀に入ると、各国の海軍がこのシステムを海上で使いはじめた。彼らは、腕木の代わりに手にもった旗でアルファベットを表した。次のページに示す2本の手旗を使う手旗信号では、1分間に17文字ほど伝えることができた。マストの先端についている機械式の大きな信号旗なら、天気がよければ25km先までメッセージを伝えることができる。

> 手旗信号は1960年まで正式な通信手段として利用された。

モールスとヴェイル

手旗信号は目で見える範囲の通信にしか使えなかったため、19世紀中頃になると、複数の発明家が電線を伝わる電流パルスでメッセージを送るよう提案した。そのなかでもっともうまくいったのが、アメリカの画家で発明家のサミュエル・モールスが考案したシステムだった。彼の「電信」では、アルファベットの文字を表すのに長短のパルス（長点と短点）を使った。この符号は「モールス符号」と呼ばれているが、モールスと技術者のアルフレッド・ヴェイルが二人で発明したものだ。メッセージを速く伝えるため、ヴェイルは文章のなかでよく使われる文字を短い符号で表すことを思いついた。そして、印刷所の活字ケースに入っている活字を数え、それぞれの文字がどのくらい使われているかを調べた。

モールスは1837年に最初の電信線を敷設した。1861年にはアメリカ大陸を横断する電信ケーブルが敷設され、その5年後にはアメリカとヨーロッパが海底ケーブルで結ばれた。

1876年に電話が発明されると、電信線を利用して音声が伝えられるようになったが、電話も、のちに利用されるようになった電波も、モールス符号の息の根を止めることはなかった。アメリカでは2006年まで電報を送るのに使われていたし、各国の海軍は今でも船から船への通信に光の点滅を利用している。

まばたきのモールス信号

・・・ ーーー ・・・

アメリカの軍人ジェレマイア・デントンが1966年に北ベトナムで戦争捕虜になったとき、テレビ放送に無理やり出演させられた。放送中、おとなしく質問に答える彼は、長いまばたきと短いまばたきをリズミカルに繰り返していた。モールス符号でひそかに「torture（拷問）」というメッセージを送っていたのだ。アメリカの情報機関は北ベトナムで捕虜になったアメリカ軍兵士が過酷な扱いを受けているのではないかと疑っていたが、彼のメッセージはそのことを裏づけるものだった。

ホテル、エコー、リマ、リマ、オスカー！

次のページのNATOフォネティックコードなどの通話表は、一語で一文字を表すもので、電話でお互いの声がよく聞き取れないときなどに正確に言葉を伝えるのに役立つ。たとえば「エス」と「エフ」はまぎらわしいが、「シエラ」と「フォックストロット」と言えばまちがえない。この通話表は各国で使われているが、独自の通話表を使っている国もある。

衰退から復活へ

カナダ軍通信電子隊などの情報機関は、テロリストがモールス信号を使う可能性があるとして、長点と短点からなる信号に気づき、読み取り、送信することができるように、新兵向けのモールス信号の訓練を再開している。

世界のしくみまるわかり図鑑

原子の構造

この世界に存在するすべてのものが非常に小さな粒子から
できているという考え方は大昔からあった。しかし、その証拠が
手に入りはじめたのは、ほんの200年前からだ。原子について
知れば知るほど、謎は深まるばかりである。

古代ギリシャやインドの哲学者たちは、紀元前5世紀から、この世界が何からできているかについて論争していた。彼らは、すべての物質は非常に小さい粒子からできていると考えたが、それを証明することはできなかった。

2300年ものあいだ理論上の存在にすぎなかった原子が実在することを証明したのが、イギリスの化学者ジョン・ドルトンだ。ドルトンは酸素とスズがどのように結びつくかを調べ、2種類の結びつき方があることを突き止めた。一方の結びつき方では、他方の結びつき方のちょうど2倍の酸素が使われていた。ドルトンは、このような単純な関係が成り立つのは、元素が不連続な粒子として存在しているからにほかならないと考えた。1個のスズ（Sn）原子は1個または2個の酸素（O）原子と反応して酸化第一スズ（SnO）または二酸化スズ（SnO_2）になる。

ぶどうパンか太陽系か

原子がさらに小さい粒子からできていることがわかったのは1897年のことだった。この年、イギリスの物理学者J.J.トムソンは、真空管のなかの高温に熱せられた陰極から出る「陰極線」の正体が負電荷（マイナスの電気）をもつ粒子であることを明らかにした。一つ一つの粒子は、もっとも軽い元素である水素の1800分の1の重さしかない。トムソンが発見したのは、原子のなかを飛びまわる電子だった。

原子のなかで、電子はどのように分布しているのだろうか？ 電子の発見から12年後、科学者たちは金箔に正電荷（プラスの電気）をもつ粒子線をぶつけて、金原子の構造を調べた。当時の人々は、原子の全体に正電荷が一様に広がっていて、そのなかに負電荷をもつ電子が埋もれている「ぶどうパン型」の構造を考えていた。もしそうなら、金原子に衝突した粒子の軌道はほんの少しずつ曲がるはずだ。ところが実験をしてみると、ほとんどの粒子が原子をほぼまっすぐに通り抜けていたものの、いくつかの粒子は大きく跳ね返っていた。原子の正電荷が小さくまとまることにより、ぶつかってきた粒子を跳ね返していたのだ。小さな原子核のまわりを電子が大きく回っている太陽系型の原子模型は、こうして生まれた。

原子を意味する「atom」という英語は、「これ以上分割できないもの」という意味のギリシャ語「atomon（アトモン）」からきている。

原子の秘密

発見はその後も続いた。1913年には、電子が原子核からきまった距離だけ離れた殻（電子殻）のなかで軌道運動していることがわかった。1932年には、原子核のなかに正電荷をもつ陽子のほかに中性子という電気的に中性な粒子もあることが明らかになった。

私たちは原子の秘密を知ったが、その極小の世界は誰も想像したことがないような場所だった。ここまで小さいスケールになると、私たちがふだん暮らしている世界を支配する法則はもはや当てはまらない。たとえば、ミクロの粒子がもつスピンの向きなどの性質は、それを観測したときにのみ確定する。逆に言えば、観測するまでは、どちらを向いているかわからないのだ。

想像を絶する小ささ

次のページに描いた鉄原子の実際の直径は150ピコメートル（1ピコメートルは1兆分の1メートル）で、700万個の鉄原子を一列に並べても1mmにしかならない。

シュレーディンガーの猫

ミクロの粒子の状態は、観測するまで確定しないと考えられている。このことに悩んだオーストリアの物理学者エルヴィン・シュレーディンガーは、1935年に、猫と毒ガス入り試験管と放射性物質とセンサーを箱に入れたらどうなるか、頭のなかで考えてみた。センサーが放射性物質の崩壊を検知すると、試験管が割れて毒ガスが発生し、猫は死ぬ。放射性物質の崩壊というミクロの状態が観測まで確定しないなら、猫の生死はいつ確定するのだろうか？

原子番号	26
化学記号	Fe
元素名	鉄
質量数	56

Fe 26 鉄 56

陽子	＋	正電荷
中性子	●	電気的に中性
電子	－	負電荷

ここに示した鉄原子は、鉄の同位体のなかでもっとも一般的な ^{56}Fe である。鉄同位体のなかには、陽子と電子の数や電子配置が同じで、中性子の数だけ違っているものもある。

電子配置

電子殻		電子の数
K殻		2
L殻		8
M殻		14
N殻		2
		合計 26

原子核

原子核を構成する粒子	数
陽子	26
中性子	30

世界のしくみまるわかり図鑑

黄金比とフィボナッチ数列

美はどこにあるのだろう？　偉大な思想家によれば、それは「比」のなかにある。黄金比は、数えきれないほど多くの芸術作品のバランスを決め、自然界でも神秘的な規則性として現れる。

黄金比は魅力的だが、ほかのどんな比よりも心地よく感じられるという厳密な証明はない。

古代エジプトの建築家が壮大なピラミッドを設計して以来、音楽家や芸術家や数学者は自分の作品に完璧な均整をもたせようとつとめてきた。紀元前4世紀、ギリシャの数学者エウクレイデス（ユークリッド）は、黄金比の最初の定義を与えた。線分や図形を分割するときに、「全体と分割後の大きい方との比が、大きい方と小さい方との比と等しくなるようにする」というもので、見ていて心地よく感じる洗練されたデザインになると広く信じられている。

画家が認める美しさ
ルネサンス時代の天才レオナルド・ダ・ヴィンチは、1509年に出版した本で黄金比について書いているほか、作品にも用いていた。その数百年後、ジョルジュ・スーラやサルバドール・ダリなどの芸術家が、絵画や彫刻に黄金比を利用した。

黄金比探し
黄金比の理論を信じる人々は、あらゆるものに黄金比の例を探し、それを見つける。ある人は65人の女性の身長とへその高さを測定して、その比はいつも同じだったと報告した。

ミクロのらせん
中国の科学者が銀の核を二酸化ケイ素の殻でつつんだ直径約10ミクロン（10万分の1メートル）の球体を冷やしたところ、表面に小さな突起がいくつも現れた。突起はらせん状に整列していて、らせんの本数はフィボナッチ数になっていた。

フィボナッチの発見
800年前、イタリアの数学者レオナルド・フィボナッチは、今でも彼の名前で呼ばれている数列を使って黄金比を計算した。フィボナッチ数列は1からはじまる。次の項も1だ。その次の項は前の二つの項の数字をたして1＋1＝2、あとはこの計算を繰り返していくと、

1、1、2、3、5、8、13、21、34…

という数列になる。フィボナッチ数列に出てくる数字のことをフィボナッチ数という。

フィボナッチ数列で、各項の数字を前の項の数字で割っていくと、だんだん黄金比（1.61803398875…）に近づいていく。この性質は、1、1からはじまる数列にかぎらず、二つの数字からはじまり、前の二つの項の数字をたしていくすべての数列に見られる。

黄金比は重要な数字であるため、アメリカの数学者マーク・バーは1909年に「φ（ファイ）」というギリシャ文字の名前をつけた。φは、作品に黄金比を用いたとされる紀元前5世紀のギリシャの建築家フェイディアスの名前の最初の文字だ。

自然界にひそむフィボナッチ数
自然さえも、この驚くべき法則に従っている。オウムガイの貝殻の優美な巻き方や、パイナップルの表面に並ぶ小果のらせん模様にもフィボナッチ数が隠れている。もちろん、自然は数学を知らない。このような巻き方や並び方になるのは、効率よく成長できる空間をつくれるからにすぎない。植物の葉のつき方を例にとれば、フィボナッチ数によって決まる角度で茎から葉が出るようにすると、葉の重なりが小さくなって、多くの日光を浴びられるのだ。

> φという数字はユニークな性質をもつ。φに1をたすとφの2乗（φ×φ）になる。φから1をひくとφの逆数（1／φ）になる。

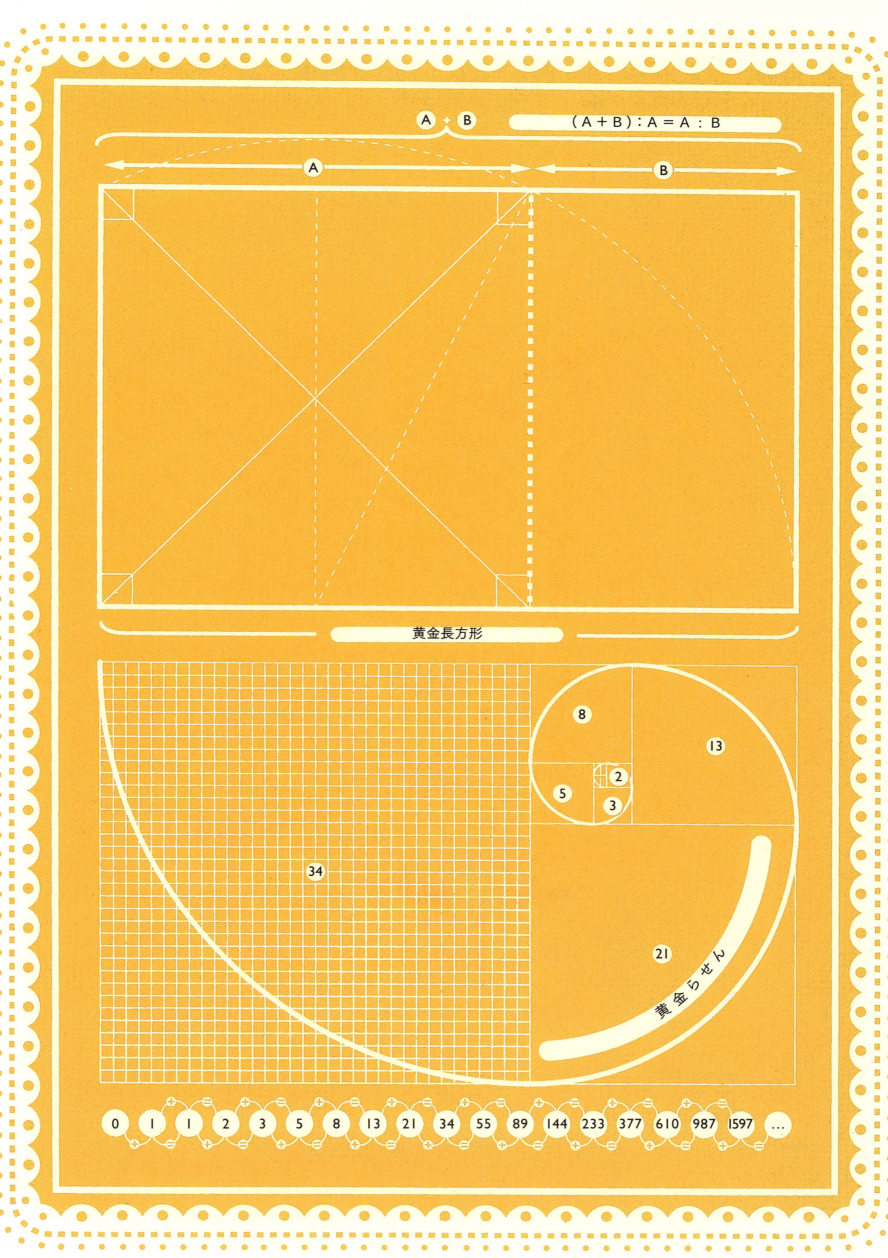

世界のしくみまるわかり図鑑

音楽を書き表す 演奏記号

人類は、歌を歌いはじめたときから、ほかの人が歌うメロディーや曲を耳で覚えて伝えてきた。やがて、音とともに消えてしまう音楽を目に見える形で残すため、紙に書き記す方法を工夫するようになった。それが演奏記号だ。

最初に音楽を紙に書き記した人が誰なのかはわからないが、紀元前4世紀のギリシャの音楽家は、メロディーの上がり下がりのパターンをアルファベットの文字で表していた。シャープやフラットのように音を少しだけ上げたり下げたりするときには、文字を横にしたり逆立ちさせたりした。ギリシャの演奏記号はどんどん大規模になり、4世紀には1600種類以上の記号があった。

ネウマの登場

9世紀には新しい演奏記号が登場した。カトリック教会の修道士が聖歌の歌詞に「ネウマ」というチェックのような印をつけはじめたのだ。ネウマとは、ギリシャ語で「印」や「息」を意味する。ネウマは、ある音から次の音に移るときにどのように高さを変えるかを表していたが、実際にどの音を歌うかを指定するものではなかった。

10世紀になると、歌詞の上に1本の赤線を引くようになった。赤線は中央ドの下のファの音を表していて、ネウマがこの線の上にあるか下にあるかで音の高さがわかるようになっていた。この線は「スタッフ」または「ステイブ」と呼ばれた。古いドイツ語で「安定した」「固定された」という意味だ。

線を使う方法は非常にうまくいったので、人々はその上にも線を引き、さらに3本目の線も引いた。11世紀にはイタリアの修道士グィード・ダレッツォが4本か5本の線を使うことを提案し、おなじみの五線が生まれた。

リズムも大切

もちろん、音楽は音の高さだけではない。リズムも同じくらい大切だ。初期のネウマはリズムを正確に表すことができなかったが、少しずつ進歩していった。13世紀の修道士たちは、チェックのような印をつける代わりに、五線の上や間に正方形の印を書くようになった。ここまでくれば、さまざまな形の四角形を使って音の長さを表すようになるのはすぐだった。1世紀もたたないうちに、半分の長さの音はひし形で、長い音は正方形に短い棒をつけた小さな旗のような形で表すようになった。五線と黒くぬりつぶした音符を使う今日の演奏記号は15世紀までにほぼ完成した。

ドレミの発明

グィード・ダレッツォは今日の演奏記号を完成させただけでなく、音楽の初心者が音階を覚えやすいように、1音ずつ高くなる音階に音名をつけた。「聖ヨハネ賛歌」の各節の最初の音が1音ずつ上がっていくことに気づいた彼は、その音の歌詞を音名にして「ウト、レ、ミ、ファ、ソル、ラ」とした。「ウト」はのちに歌いやすい「ド」になった。

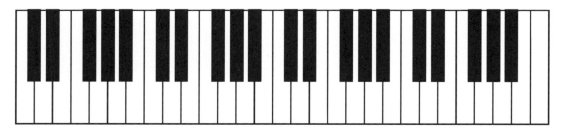

グィード・ダレッツォが演奏記号を改良したことにより、修道士に音楽を教えるのに必要な時間は10年から2年に短縮された。

音楽がない？

ヨーロッパの外では、詳細な演奏記号は必ずしも重要ではなかった。たとえば、日本の伝統音楽の知識のほとんどは口伝えに教えられ、各流派には選ばれた人だけに伝授される「秘曲」があった。残された文献には、これらがどのように上演されたかがあいまいに記されているだけだ。

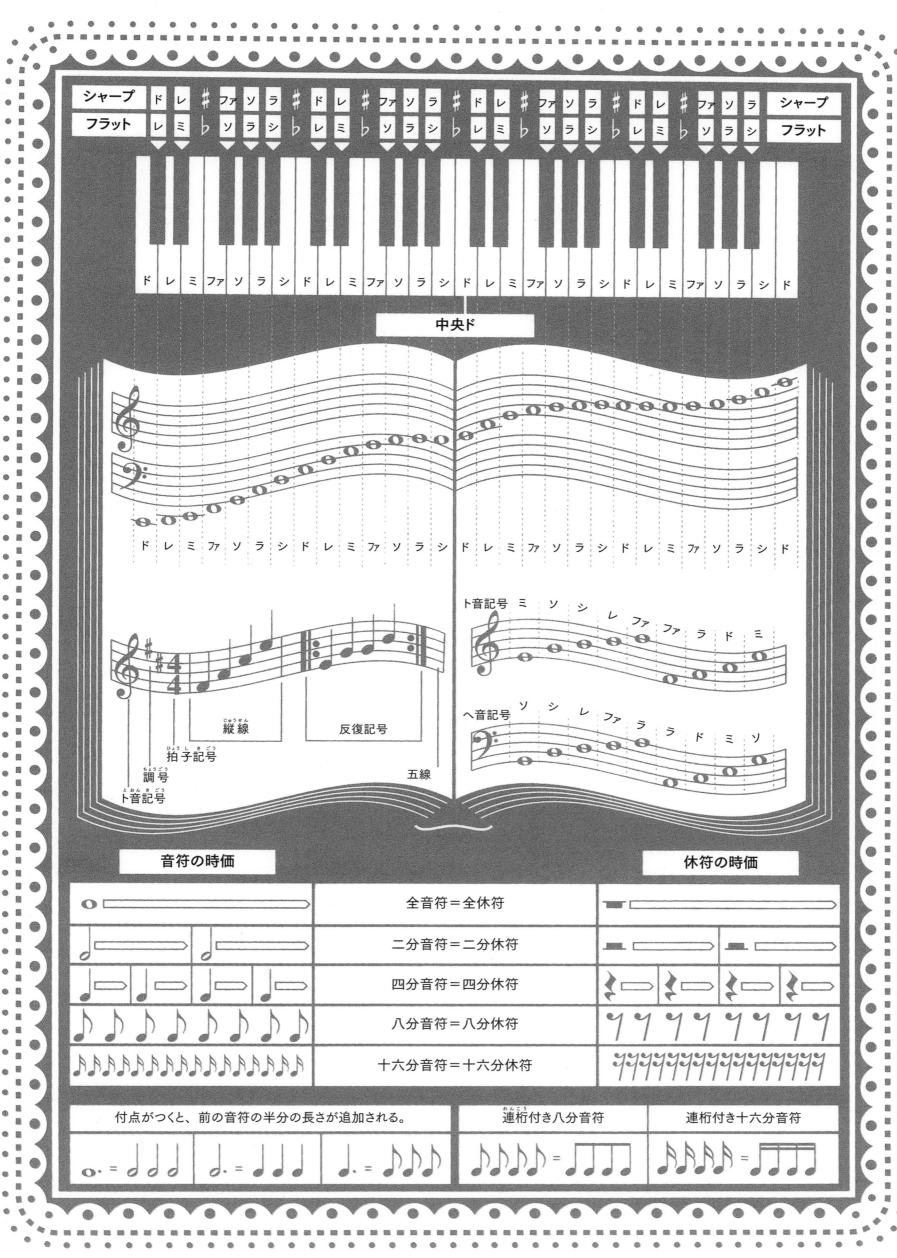

世界のしくみまるわかり図鑑

自転車の構造

19世紀末に完成した小さな自転車は、
移動手段に革命を起こし、
女性解放運動にもつながっていった。

自転車ショー
ラウフマシーネは舞台にも上がり、ミュージックホールとよばれた19世紀の大衆演芸場では、ラウフマシーネに乗った半裸の曲芸師が観客を楽しませました。

夜のサイクリング
アメリカの女性がはじめて「二股に分かれた下着（ズボン）」をはいて自転車に乗ったときには大さわぎになった。1894年の新聞は、ニューヨークでは夜な夜な100人以上の女性が人目につかないように自転車に乗っていると伝えている。

羊の毛刈りにも
自転車の技術は羊の毛刈りを楽にした。1900年頃、複数の企業が自転車を動力とする剪毛機を開発した。1台の自転車をスタンドに固定し、少年がペダルをこぐと、2台の剪毛機に動力を供給することができた。

馬の代わりに乗ることのできる二輪車は、1817年にドイツの林務官（りんむかん）カール・フォン・ドライス男爵によって発明された。これは木製の「ラウフマシーネ（走る機械）」で、二つの車輪と操縦用のハンドルがついていたが、ペダルはなく、地面を足で蹴って進むようになっていた。

自転車は奇怪で危険な方向に進歩していった。1870年頃の「オーディナリー型」自転車には、巨大な前輪と小さな後輪がついていた。サドルの高さは成人男性の肩ほどもあり、落ちたりしたらさぞかし危険だっただろう。イギリスでは、このタイプの自転車は、ペニー硬貨とその1/4の価値のファージング硬貨にちなんで「ペニー・ファージング」と呼ばれた。

安全で現代的な自転車

1885年、イギリスの発明家ジョン・スターリーは、オーディナリー型よりはるかに優れたデザインの自転車を製作した。彼の「ローバー」自転車には、ひし形のフレーム、前後同じ大きさの車輪、ペダルによるチェーン駆動（くどう）、フロントフォークに直接つながったハンドルがそなわっていた。

このタイプの自転車は「セーフティー型（安全型）」と呼ばれた。当時の工場労働者の給料9週間分と高価だったが、中古品ならもう少し安く買えたし、馬を持つのに比べればだいぶ安かった（馬には馬小屋や餌が必要だ）。馬を持てない貧しい人でも、自転車に乗れば、歩くより速く、遠くまで行くことができた。

女性を解放した自転車

自転車は女性を解放した。1896年、アメリカの女性解放運動家スーザン・B・アンソニーは、「自転車は、この世のどんなものよりも女性を自由にした。私は、自転車に乗った女性たちの自由でのびのびした姿を見るたびにうれしくなる」と言った。自転車は女性に移動の自由を授け、きゅうくつなコルセットや足元にまとわりつくドレスから解放した。女性たちは、自転車に乗るのに「合理的な服装」として、ニッカーボッカーと呼ばれるたっぷりしたズボンをはくようになった。「新しい女性」たちが求めたのは自転車に乗る自由だけではなかった。彼女たちはまもなく、はるかに重要な投票権も勝ち取った。

世界のしくみまるわかり図鑑

地球の内部構造と大気

ヒトは地球上の生物のなかで支配的な地位を占めているが、その支配が及ぶのは地球の表面だけだ。地殻の下を探査することはむずかしいし、重力に引きとめられている上、十分な空気も必要とするため、あまり高いところに行くこともできない。

❹00年ほど前までは、地球の中は空洞になっていて、そこが地獄なのかもしれないと広く信じられていた。人々の思い込みを正すのはなかなかむずかしく、1818年になっても、アメリカ陸軍の将校ジョン・シムズは「地球は空洞で、内部に住むことができ、北極と南極の近くには空洞につながる巨大な穴があいている」と主張していた。

その後、地質学者の努力によって、地球の内部構造について多くのことが明らかになったが、ほとんどの証拠は間接的なものだ。世界一深い鉱山でも地殻を4km掘り進んだだけなのに、その下がどうなっているのか、どうして知ることができるのだろう?

地球の内部が空洞でないことをもっとも強く裏づける証拠は重力だ。すべてのものに重さを与える重力の強さは、惑星の質量に比例している。地球の内部が空洞なら、重力はもっと弱く、私たちの体重も軽いはずだ。また、火山から溶岩が噴き出してくることは、溶けた岩石（マグマ）が地下にあることを示している。さらに、地球に磁場があり、地球全体が巨大な磁石のようになっていることから、中心に液体の鉄からなる核があることもわかる。地震波の伝わり方から、核が液体の外核と固体の内核に分かれていることや、外核と地殻のあいだに固体の岩石からなるマントルがあることがわかっている。

成層圏を飛ぶ

鳥のなかには少数だが成層圏の高さまで飛ぶものもいる。インドガンは、世界一高いエベレスト山の頂上の上空（高度約8900m）を飛ぶことができる。航空機も、嵐や雲が引き起こす乱流を避けるために成層圏を飛ぶ。これだけの高度になると酸素が薄すぎて人間は呼吸できないため、機内の空気は海抜2000mの大気と同じくらいまで圧縮されている。

> エベレストの頂上は、呼吸可能な大気のもっとも上の層まで達している。

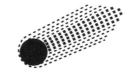

大気も層になっている

地球の大気を直接調べるのはむずかしいが、内部構造とはちがい、観察するのはかんたんだ。人間が暮らせるのは、大気の底から高さ5500mまでの、酸素が十分にあるところだけだ。この2倍の高さまでが対流圏で、地球上の水蒸気のほとんどが対流圏にある。その上は温度の高い成層圏だ。成層圏の大気は太陽の光によって温められ、雲はそれ以上上昇しない。

成層圏より上では再び温度が低くなる。中間圏と熱圏は、まとめて電離圏と呼ばれている。太陽からの紫外線がこの領域の原子や分子にあたると、電子を叩き出して電離させる（電気をもった状態にする）からだ。この電子が電波を反射するため、一部の電波は大気を突き抜けずに地球の表面に沿うように進んでゆく。

地球の磁場は電離圏よりはるかに高いところまで影響を及ぼしていて、この領域は磁気圏と呼ばれる。磁気圏は、強烈な太陽風から私たちを守ってくれている。太陽風は、太陽から吹きつけてくる100万℃以上の高温の荷電粒子だ。太陽風をはね返してくれる磁気圏がなかったら、地球の大気は太陽風によってはぎ取られてしまうだろう。

― 世界のしくみまるわかり図鑑 ―

ギリシャ文字の アルファベット

ギリシャ文字のアルファベットができる前から文字はあったが、母音の発音を記録する文字はなかった。今日、西ヨーロッパで使われているラテン文字のアルファベットは、24のギリシャ文字をもとにしている。数学の分野では、今でもギリシャ文字のアルファベットが広く用いられている。

ヨーロッパの子どもたちが小学校で最初に習うのは、二つのギリシャ文字を合わせた言葉だ。「アルファベット」という言葉は、二つのギリシャ文字「α」（アルファ）と「β」（ベータ）をつないでつくられた。英語のアルファベット自体も、ギリシャ文字のアルファベットをもとにしている。

ギリシャ文字は古くからある文字だが、世界一古い文字ではない。世界最古の文字は、今日のイラクにあたる地域に住んでいたシュメール人が約5000年前に考案した絵文字だと考えられている。シュメール文字は一つの文字で一つの単語を表す表意文字で、ギリシャ文字のように文字と音を対応させた表音文字ではない。表音文字を最初に発明したのは、今日のレバノンにあたる地域で3000年ほど前に栄えたフェニキア人だった。

大文字と小文字のちがい

ギリシャ文字の大文字は陶器や石に刻まれたため、直線部分が多い。「α」や「ω」（オメガ）などの小文字が使われるようになったのは9世紀以降で、この頃から、筆やペンを使って羊皮紙や紙にすばやく文字を書けるようになった。

畑を耕す牛のように

ギリシャ語は、ほとんどのヨーロッパ言語と同じように左から右に書くことが多かったが、一時期の碑文などでは、ある行を左から右に書いたら次の行は右から左に書くというぐあいに、行ごとに向きを変えて書くことがあった。このような書き方は、鋤を引いて畑を耕す牛の歩き方に似ているため「牛耕式」と呼ばれる。

フェニキア文字からギリシャ文字へ

フェニキアからギリシャまでは船で約9日の距離だった。フェニキアの商人は紀元前8世紀にギリシャに文字を伝え、ギリシャ人はフェニキア語からアルファベットの文字と名前を借用した。フェニキア語では、アルファベットの各文字から始まる単語をその文字の名前としていたが、ギリシャ人はフェニキア語の名前をそのまま引き継いだ。いくつかのギリシャ文字には、表音文字のもとになった表意文字の形が残っている。たとえば、ギリシャ文字の「Κ」（カッパ）のもとになったフェニキア文字は「カップ」だが、「カップ」はフェニキア語で「手」を意味し、ひらいた手の形をしている。

ギリシャ語とフェニキア語では使用する音が異なり、とくにフェニキア語には母音がなかったため、文字と音の対応はそのまま借りるわけにはいかなかった。そこで、ギリシャ語にはない、のどの奥から出す喉音と呼ばれる音を表すフェニキア文字を、ギリシャ語の母音に対応させることにした。

ギリシャ文字からラテン文字へ

紀元前7世紀頃になると、ローマ人がギリシャ文字のアルファベットを取り入れてラテン文字をつくった。ラテン文字は、今日の西ヨーロッパのすべての言語で使われている。

科学の世界では、変数や定数を表すのに今でもギリシャ文字を使っている。もっともよく知られているのは円周率のπ（パイ）だ。αは1、βは2、γ（ガンマ）は3など、最初の方のギリシャ文字は数字として使われることもある。動物の群れのなかでもっとも高い地位にあるオスは「αオス」と呼ばれているし、正式に公開される前のテスト用のソフトウェアは「β版」と呼ばれている。

アメリカの多くの大学には優秀な学生だけが入会できる友愛会があるが、1775年に最初に設立された会の名前が「ファイ・ベータ・カッパ」だったことから、ギリシャ文字を会の名前とするものが多い。

世界のしくみまるわかり図鑑

ねじと釘

ねじと釘は建築に革命を起こし、材木にうまく切り込みを入れて組み合わせるという手間をかけなくても、材木どうしを簡単に固定できるようにした。その革命には9000年の歴史がある。

代の釘は金属でできているが、最古の釘は木製だった。石器時代の人々はオーク材の中心部分を使って「木釘」を作った（次のページの「**2**」参照）。材木にはあらかじめ穴をあけておき、この穴に木釘を打ち付けることで、材木どうしを固定していた。

長いあいだ、釘は貴重品だった。銅や青銅製の釘のほか、後の時代には鉄製の釘も作られたが、どれも一本ずつ手作りされていた。どの金属も不足していて、鉱石から抽出するのは難しかった。だから、釘を手に入れた大工は大切に使い、材木をしっかり固定できるように、打ち込んだ釘の先端を打ち曲げることが多かった。

そのため、釘には単なる実用品以上の価値があった。古代ギリシャでは、鉄釘のことを「オボルス」と呼び、オボルス6本を「ドラクマ（一つかみ）」と呼んでいた。支払いに使われていた釘が銀貨に置き換わったのは紀元前7世紀のことだったが、2001年にギリシャがEUに加盟するまで、ギリシャの貨幣単位は「ドラクマ」だった。

船乗りの贈り物
18世紀イギリスの探検家クック船長は、日記に「南太平洋の島の人々は、花よりも釘のほうが気のきいた贈り物だと思っている」と書いている。実際、1767年には軍艦ドルフィン号の乗組員が恋人への贈り物にするために船の釘を抜きすぎて、船がバラバラになりかけたという話が残っている。

棺を守る
いったん締めたら外すことができない「ワンサイドねじ」は、1796年に棺の締め具として特許を得た。当時は、解剖学を学ぶ医学生たちに売るために、埋葬された遺体を掘り出そうとする死体泥棒が多かったのだ。

ねじを切る

釘に比べると、ねじの歴史はずっと新しい。らせん状のねじ山を手作りするのは非常にむずかしかったからだ。イタリアの技術者アゴスティーノ・ラメッリが1588年に書いた『各種の独創的な機械』という本にはねじの絵も描かれているが、ねじが普及したのは、それから200年近くたってからだった。最初のねじ製造機は1760年に特許を取得しているが、次のページの「**20**」のねじのように、太さが先端まで変わらないものしか作れなかった。私たちが使っている先端がとがった木ねじが登場したのは100年ほど後のことだ。

ねじの頭の形は、途方にくれるほど種類が多い。初期のねじの頭は、ボルトのように溝も穴もなく、スパナで締めていた。頭の上面が平らで一本線の溝のある皿小ねじは、ドアのちょうつがい用に作られた。ねじの頭が出っぱっていると、ドアをしっかり閉められないからだ。

リサイクル禁止法
アメリカがイギリスの植民地だった時代には釘は非常に貴重だったため、人々は家がいらなくなると、釘を回収するために家をまるごと燃やしていた。これではもったいないので、バージニア植民地政府は家を燃やすのを禁止するようになった。そして、家を建てるのに使われた釘の重さを役人が見積もり、政府が家主にその分の補償金を支払うことにした。

ねじ頭はすべる方がいい？

ねじ頭に一本線の溝がある「すりわり付きねじ」は、マイナスねじともよばれる。一本線よりも良い形の溝はたくさんある。六角穴付きねじはドライバーから外れにくいので、作業中に片手があくという長所がある。プラスねじともよばれる十字穴付きねじは1930年代に発明され、ドライバーの先を合わせやすいが、強く回そうとするとすべってしまう。大工仕事をするときにはイライラさせられるが、不器用な人が強く回しすぎて溝がつぶれるのを防ぐために、わざとすべるようにできているのだ。

28

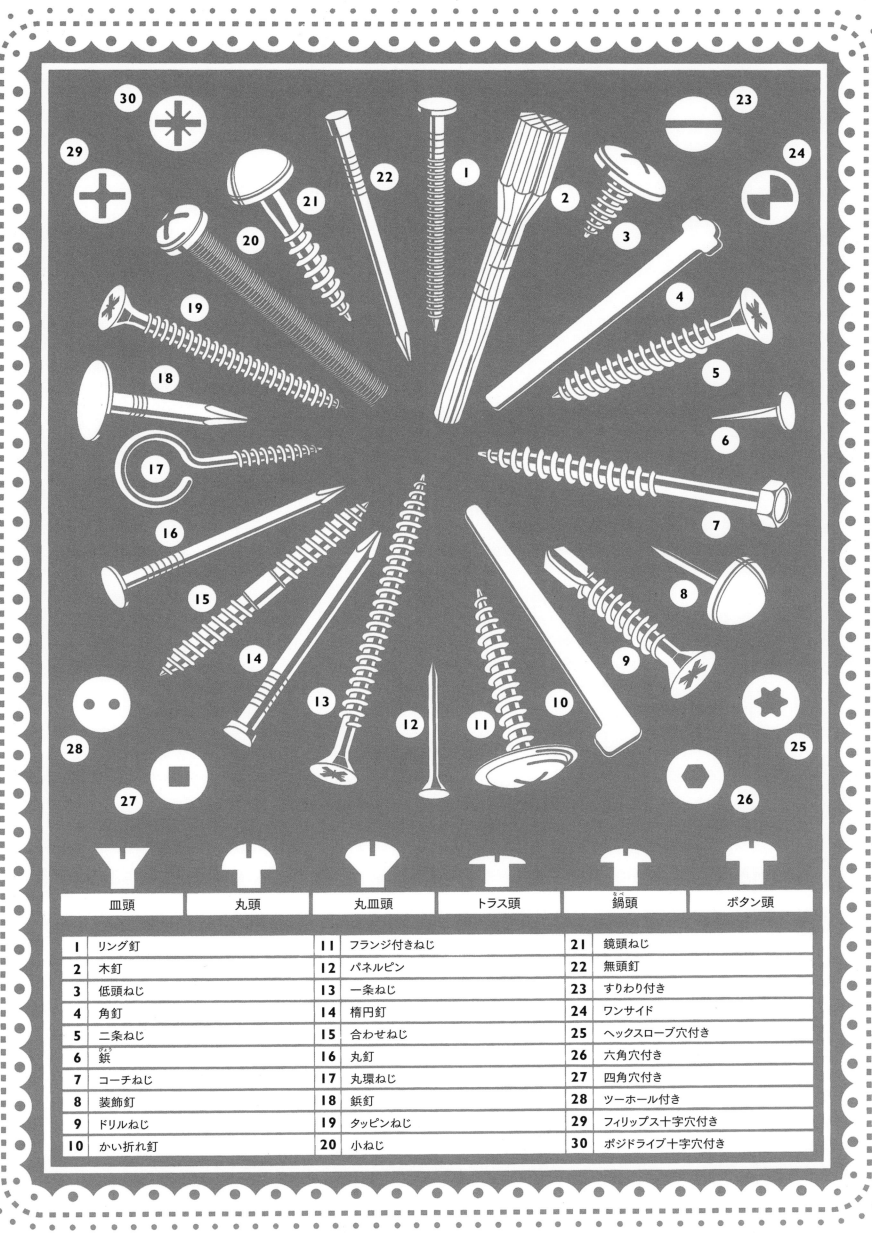

世界のしくみまるわかり図鑑

不可能図形の
トリック

ふつうにありそうなのに、ありえない。うまく説明できなくてもどかしい。部分的に見ると問題ないのに、全体としては実在するはずのない図形は、不可能図形とよばれている。

無限に続く階段、つながらない三角形、ふしぎなフォーク。不可能図形は、錯覚を利用した遊びにしか見えないかもしれないが、そのしくみと、私たちの脳がだまされる理由について、100本以上の論文が発表されている。

二人の発明者

最初の不可能図形は三角形をベースにしたもので、発明者は二人いる。スウェーデンの画家オスカー・ロイタースヴァルドは、18歳の学生だった1934年に、いくつかの立方体を三角形に並べた絵を描いた。その24年後、イギリスの数学者ロジャー・ペンローズが、これによく似た三角形の絵を描いて心理学雑誌に発表したことで、不可能図形への関心が広まった。ペンローズはロイタースヴァルドの絵を見たことがなかったため、二人とも発明者とされている。

不可能図形の達人

オランダの画家マウリッツ・コルネリス・エッシャーは、不可能図形を応用した絵で有名だ。1950年代後半には、無限に続く階段や高い方に流れていく水をテーマにした版画で大人気になった。

なぜ不可能なのか？

不可能図形にはいろいろなものがあるが、いちばん単純なのはペンローズの三角形だ。この図形は、3本の四角柱を互いに直角に組み合わせた形を遠近法を使って描いて、頂点の角度が60°の三角形のように見せている。

親指で一つの角を隠してみよう。この図形なら、問題なく理解できるはずだ。工作が得意な人なら、立体を作ることもできるだろう。

次に親指をどけて、その角がどうなっていたか見てみよう。現実の物体なら手前にあるはずの線が、後ろに描かれている。これがトリックだ。私たちの脳には、重なっているものの絵を見るときに、隠れている方が後ろにあると解釈する性質がある。不可能図形は、私たちの脳の癖を利用したトリックなのだ。

不可能立方体は、もっとわかりやすい。左から2本目の縦棒が、上から2本目の横棒の手前にあるように描かれているからおかしいのだ。

不可能図形が実在しないことが理屈としてはわかっていても、私たちの脳は実在するものとして理解しようとしてしまう。モヤモヤするのは、そのせいだ。

実は不可能ではない？

不可能図形を実際に作ることはできないように思われるかもしれないが、ペンローズの三角形を作るのはそれほど難しくない。ただし、その立体は、ある特定の視点から見る必要がある。三角形を回転させたり視点を変えたりすれば、三つの角のうち一つはつながっていないことがバレてしまうからだ。

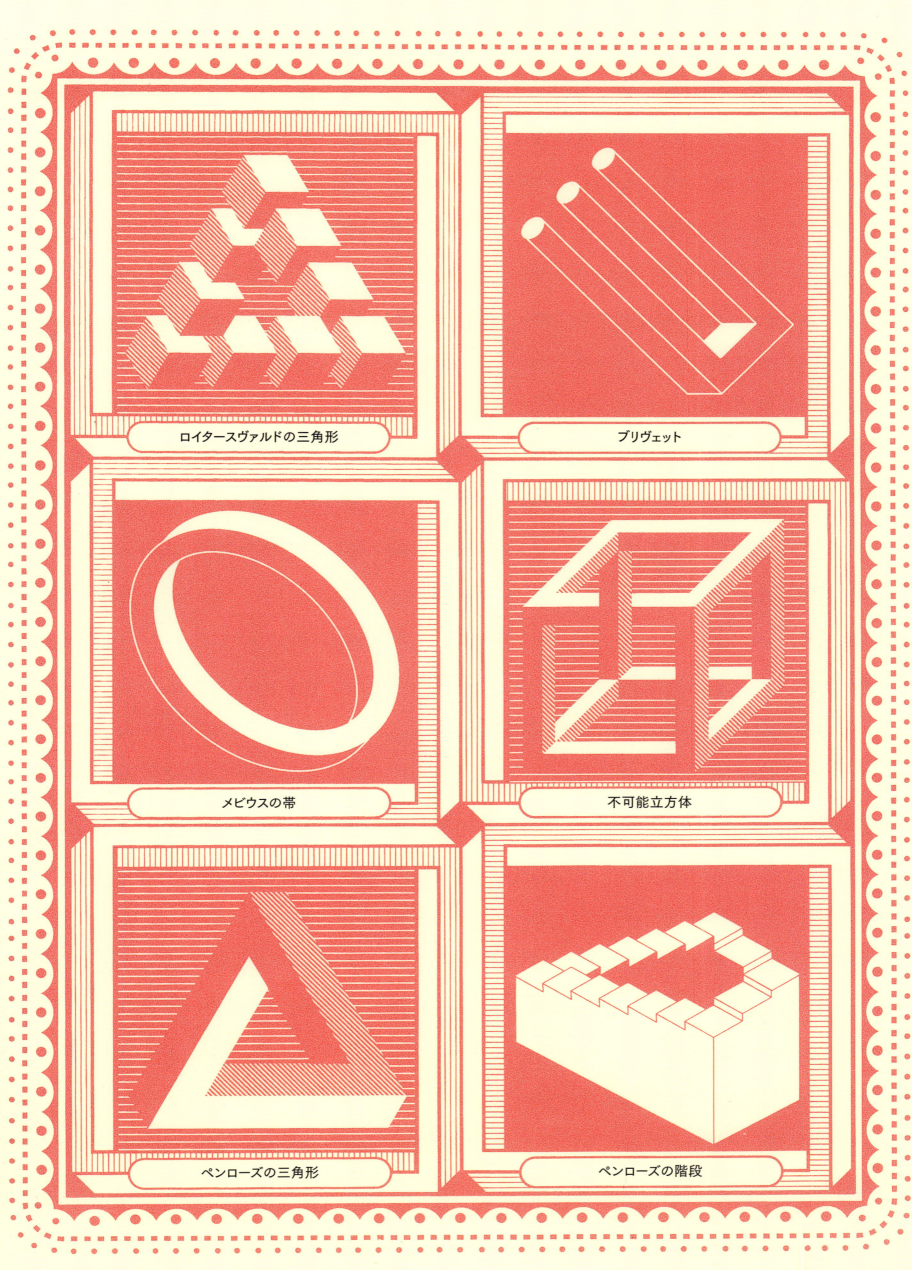

プレートと時間帯

地球の表面は、プレートとよばれるいくつかの硬い岩石の層におおわれている。どのプレートも、その上にある大陸も、ゆっくりと動いている。時間帯は、その地域の標準時が、グリニッジ標準時（世界時）から何時間早いか遅いかを示している。プレートも時間帯も、地球の表面をジグソーパズルのように入り組んだ形に分割している。

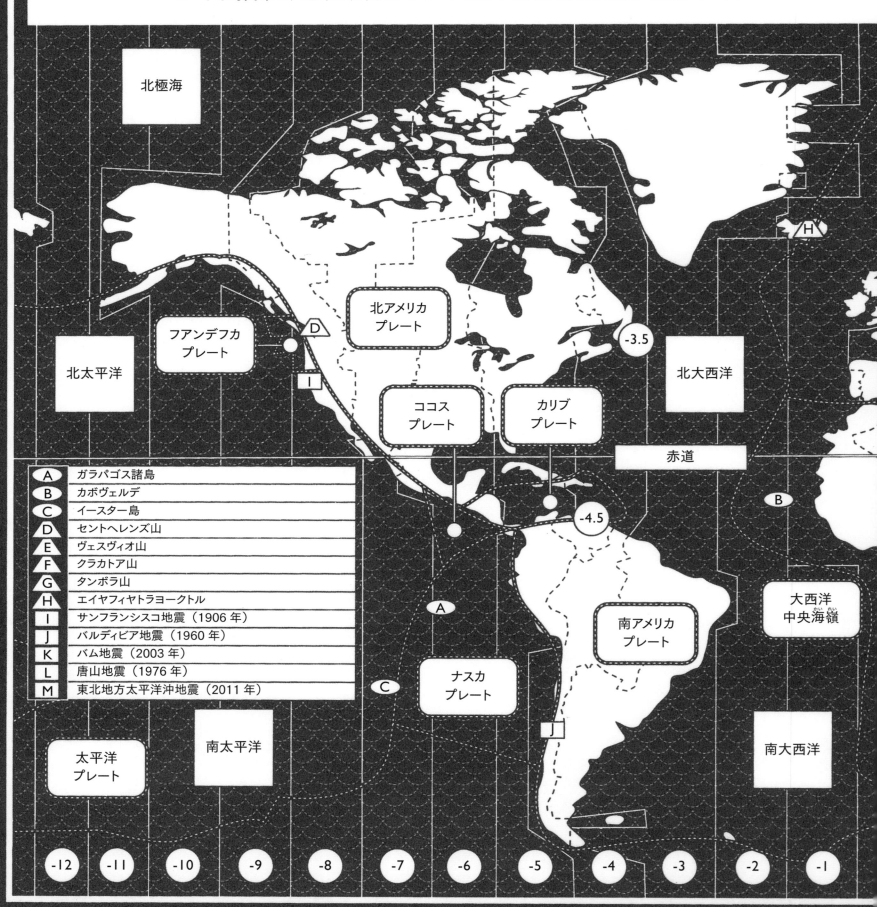

大陸は、地球ができたときからこのような配置になっていたわけではない。大陸は動いていないように見えるが、常に動いている。大陸をのせてマントル（24 ページ参照）の上に浮かぶプレートは、私たちの髪の毛や爪が伸びる速さほどのゆっくりした速度で動いている。けれども、プレートどうしがぶつかり合う場所では、地下のマグマが地表まで上がってきて火山が噴火したり、長年にわたって蓄積されたエネルギーが一気に解放されて大地震が起きたりする。

　大陸が生まれたのは 30 億年も前のことだが、時間帯が生まれたのは 19 世紀になってからだ。それまでは、太陽が真南にくるときを基準にして都市ごとに時刻を決めていたが、鉄道網が整備され、時刻表の混乱や電車の衝突を防ぐために共通の時刻を使う必要が出てきて、世界中で標準時を用いることになったのだ。

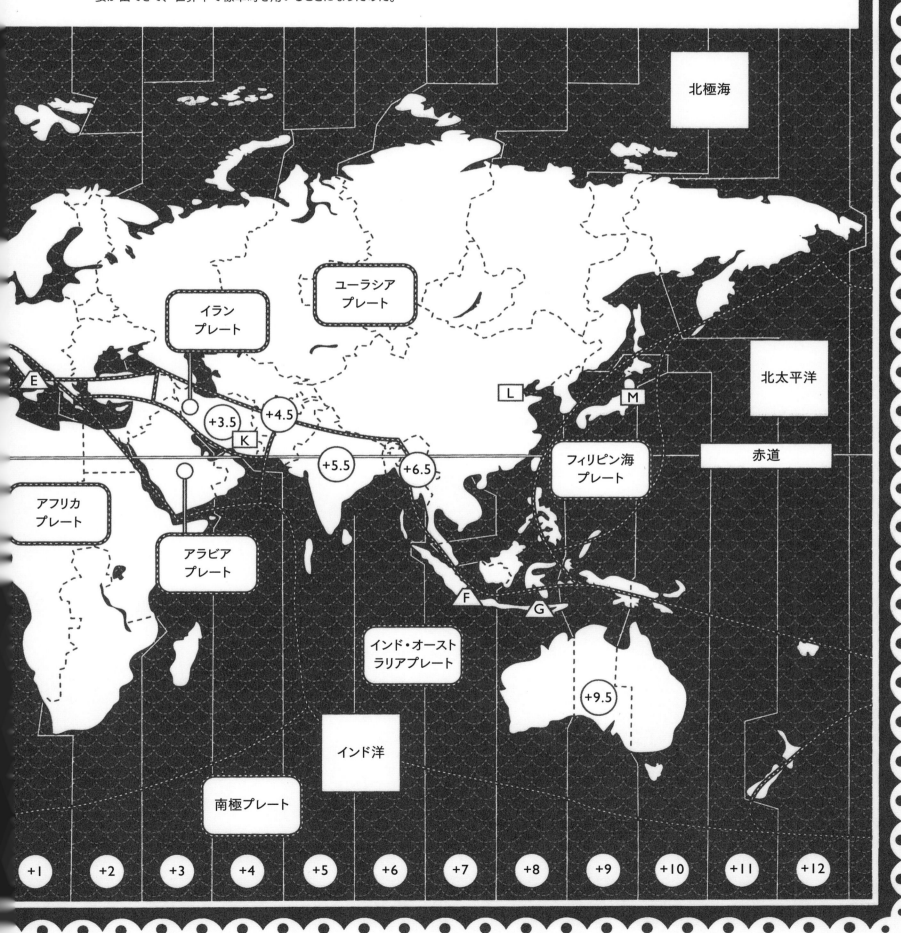

世界のしくみまるわかり図鑑

人間の目

私たちが外界の情報を集めて読みとるときには、おもに視覚を使っている。
けれども、目をあちこちに動かして光を取り入れるだけでは、ものは見えない。
目がとらえた像は、網膜(もうまく)で電気信号に変換され、この信号が脳で処理されて、
はじめてものが見えるのだ。

目にもとまらぬ速さ？
あなたが目を動かすときには、「目が回る」のをふせぐため、脳は視覚のスイッチをオフにしている。信じられないという人は、鏡の前に立って自分の目を見てみよう。それから横を見て、また前を見よう。自分の目が動いているのが見えただろうか？

見えないのに見える
視野の端は動きに敏感だ。このことを確認してみよう。まっすぐ前をじっと見ながら、両手を前に伸ばしてほしい。そのまま両手をゆっくり離していって、手が見えなくなったところで止め、親指を小さく動かしてみよう。動きが見えるはずだ。ヒトがこの能力を身につけたのは、後ろから近づいてくる肉食獣から逃げるためだったのかもしれない。

眼球を上下左右に動かす六つの眼筋は、ヒトの筋肉のなかでもっとも速く反応する。

代ギリシャの哲学者は、動物の目が暗闇の中で光って見えることから、私たちの目からも「視線」という火のようなものが出ていると考えた。視線が物体に当たってはね返ってくると、それを見ることができるというのだ。

長年信じられてきたこの説を1604年に否定したのが、ドイツの科学者ヨハネス・ケプラーだ。ケプラーは、目の中にはカメラ・オブスキュラ（中を黒くぬった箱の一面にレンズをつけた装置。レンズから光が入ると、向かい側の内面に外の景色が上下逆になって映し出されるので、画家が下絵を描くのに利用された）にはめ込まれているようなレンズがあって、目の前に広がる景色の像を、目の裏側の網膜に映していると考えた。これだけでもかなり大胆なのに、ケプラーはさらに、像は上下が逆になっているという驚くべき提案をした。

ケプラーの理論を確かめるため、別の科学者が肉屋に行って牛の目玉をもらってきた。目玉の裏側についている肉を丁寧に取り除き、代わりに卵の薄い殻をはりつけて、暗い部屋の窓辺に目玉を置いて光を通したところ、たしかに外界の景色が上下逆になって映っていた！

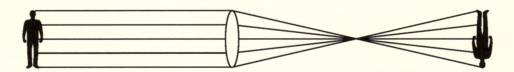

心の目

それではなぜ、私たちは正しい向きで外界を見ることができるのだろう？　答えは脳にある。私たちの目は、巧妙で複雑なシステムの第一段階にすぎない。網膜に映った像は、視細胞(しさいぼう)によって電気信号に変換される。この信号が視神経を伝わり、脳のなかの視覚を扱う特別な部位に送られ、何段階もの処理を受けることで、私たちははじめて正しい向きでものを見ることができる。

大目に見る

私たちの脳は、目から映像を受け取るだけでなく、はるかに多くの仕事をしている。脳は、どんどん入ってくる不完全な情報を処理し、問題がある部分を隠し、役に立つものだけが見える（気づく）ようにしている。たとえば、視神経が網膜に入ってくるところには視細胞がなく、ここに光が当たってもものは見えないため、「盲点」と呼ばれている。脳はふだんは盲点を上手に隠しているが、下の簡単なテストで自分の盲点を知ることができる。

そこが盲点だ！
あなたの盲点を知る方法を教えよう。この本を手に持ち、腕を伸ばして、片目をつぶろう。左側の十字をじっと見ながら、本を少しずつ顔に近づけていこう。右側の四角形からの光が盲点に入った瞬間、四角形が見えなくなる。

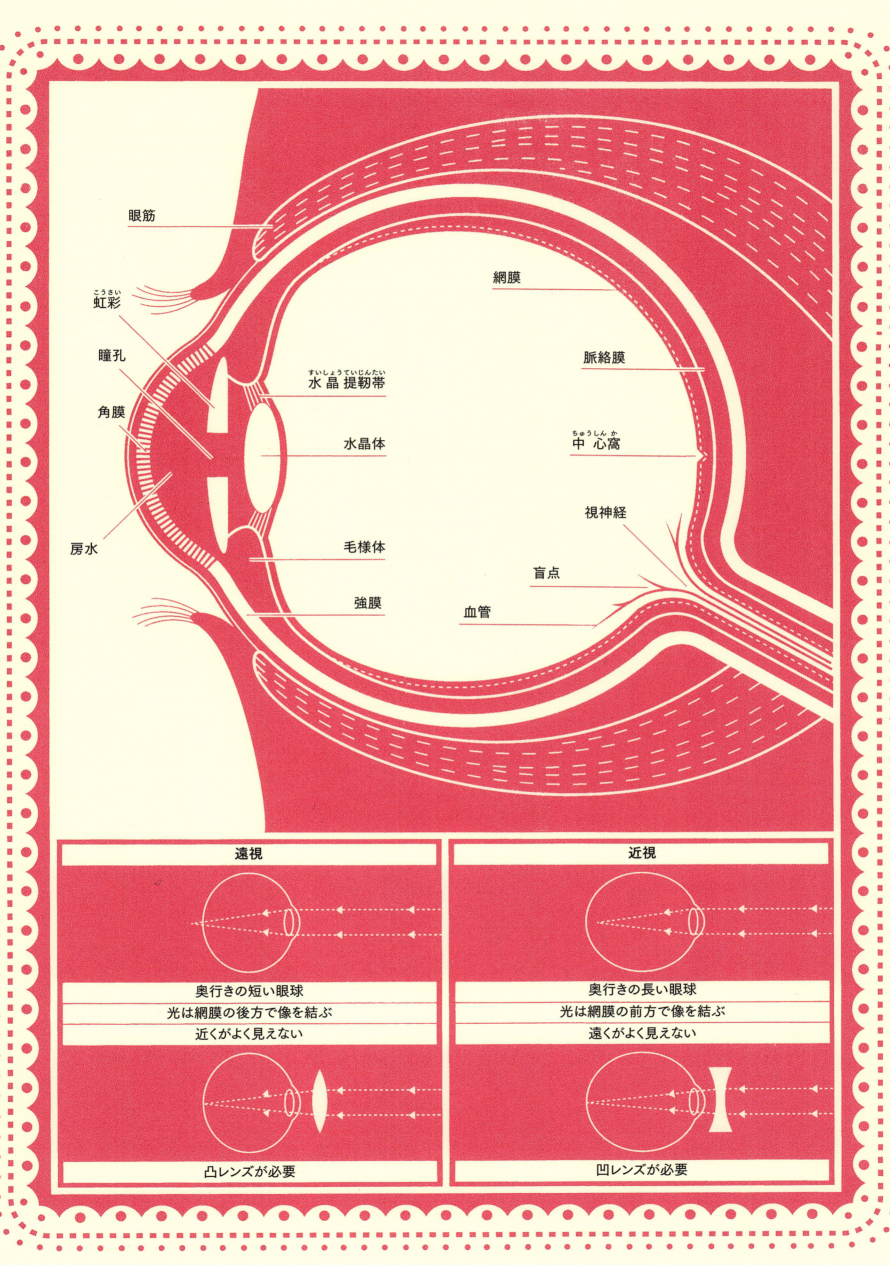

世界のしくみまるわかり図鑑

船員の当直と国際信号旗

船のマストにかかげられた三角形や四角形の
色とりどりの旗は飾りではなく、
世界中の船員が理解できるメッセージを送っている。

見張りを見張る

伝統的に、船員は二つのグループに分かれて、24時間を4時間交代で働くようになっている。1日を6分割にするといつも同じ時間の当直になってしまうので、16時から20時までの当直を二つに分けて「折半直（せっぱんちょく）」とし、1日を7分割とした。当直に入ってからの時間がわかるように、30分ごとに時鐘（じしょう）が鳴る。時鐘が6回鳴れば、3時間たったことになる。

1セットで大丈夫

アルファベットの旗が1枚ずつあればすむように、第一、第二、第三の3枚の代表旗がある。それぞれの代表旗を縦に並べると、1番目、2番目、3番目の旗と同じという意味になる。

乗りは昔からトップマストに旗をかかげてほかの船と通信していたが、事前に決めた数種類のメッセージしかやりとりすることができなかった。やがて、数百年にわたり世界最強を誇っていたイギリス海軍が、旗の使い方を工夫して、いろいろな場面で活用するようになった。たとえば、17世紀のイギリス海軍の戦闘指示書には、「大将が前檣中檣頭（ぜんしょうちゅうしょうとう）（最前列のマストの真ん中から2番目の部分の上の方）に赤旗をかかげたのが見えたら、各艦はただちに敵を攻撃せよ」など、数種類の信号について書かれている。

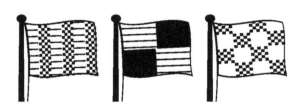

「GLN」の3枚の旗をあげると、「ビスケットがほしい」になる。

より多彩に

その後、もっと手の込んだシステムが次々に考案された。なかでも、1857年にイギリス政府が導入した新しい国際信号旗は、メッセージの種類を大幅に増やした。

各船はAからZまでのアルファベットを表す旗を積むことになったが、これを使って単語をつづることはめったになく、信号書にしたがって2枚、3枚、あるいは4枚の旗を縦に並べて長いメッセージをやりとりすることが多かった。信号書は、語句と信号旗を対応させた辞書のようなものだ。司令官は信号書を参照して相手にメッセージを送ったり、相手からのメッセージを解読したりした。たとえば、近くを航行する船に「付近に軍艦はいるか？」と尋ねるには「CBT」の旗を、「海底のようすはどうか？」と尋ねるには「LPC」の旗を、「危険な原住民に注意せよ」と警告するには「CNBT」の旗をかかげた。場所の名前は4枚の旗で表され、たとえば日本海は「BLTS」だった。これらの旗の組み合わせにより、約7万8000種類のメッセージをやりとりできるようになった。

どんな言語にも対応

信号旗はどんな言語にも対応させることができた。信号書の信号旗に対応する語句の部分だけそれぞれの言語に直しておけば、誰とでも、同じ信号旗でメッセージをやり取りすることができた。

国際信号旗は今日も使われているが、荒っぽい内容のメッセージはなくなっている。旗1枚で表されるメッセージは緊急のものが多く、多くの旗で表されるメッセージは航海や医療にかかわるものが多い。たとえば、「RJI」は「できるだけ早くエンジンの準備をせよ」、「MSD」は「脇の下に脱脂綿をはさんで腕を体側に固定せよ」、「MJF」は「患者の呼吸が荒い」だ。

誰が見ても安心

1857年の信号旗のアルファベットには子音しかなかった。母音を入れると「英語にかぎらずどの言語でも意味のある単語ができるため、気づかずに不適切な言葉をつくってしまうおそれがある」と考えたからだったが、なかなかうまい思いつきだった。

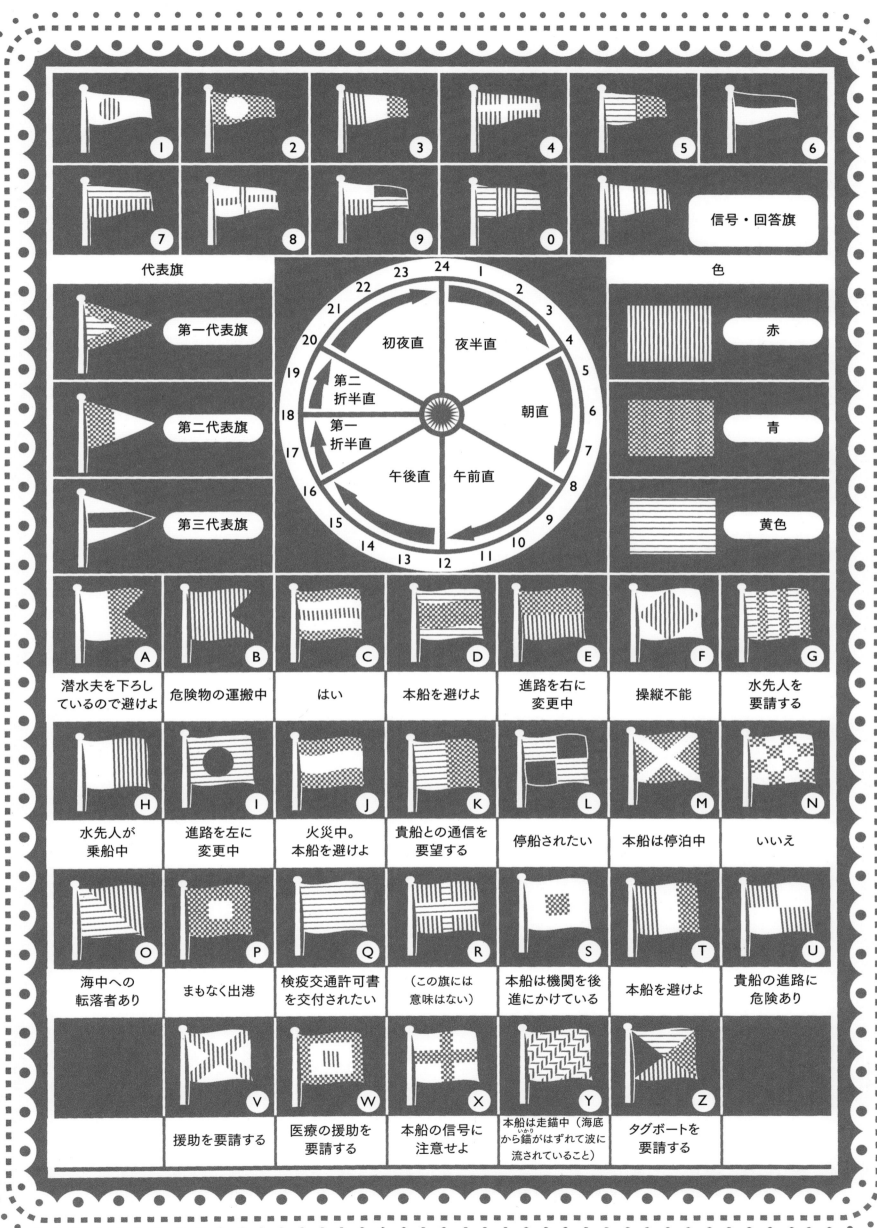

世界のしくみまるわかり図鑑

飛行機の原理

人類にとって、鳥とともに空高く舞い上がることは、大昔からの夢だった。ほんの1世紀前まで、私たちは重力によって大地にしばりつけられていた。1903年、才能あふれる二人のアマチュア発明家が、科学者や技術者よりも先に大空に飛び立った。

空を飛びたいと夢見る人々を挑戦に駆り立てたのは、ギリシャ神話のイカロスの物語だった。名工ダイダロスの息子イカロスは、鳥の羽根をロウで固めた翼で空を飛んだが、太陽に近づきすぎたため翼のロウが熱で溶け、空から落ちて命を落とした。

それでも、イカロスのように空を飛びたいと願う人々はあとを絶たなかった。彼らはそれぞれに工夫をこらして翼をつくり、高いところから飛び降りたが、必死の羽ばたきのかいなくイカロスと同じ運命をたどった。飛行研究の先駆者として知られるドイツの技術者オットー・リリエンタールも、1896年に、開発中のハンググライダーで空を飛ぶ実験をしていたときに墜落死した。

ライト兄弟は、飛行そのものではなく、飛行機の制御法の特許を取得した。

車輪から翼へ

リリエンタールの挑戦は、アメリカのオハイオ州で自転車店を営む兄弟に強い印象を与えた。オーヴィル・ライトとウィルバー・ライトは、自転車よりも大きくて優れた機械をつくりたいと夢見ていた。彼らは、風にのって飛ぶヒメコンドルを眺めていたときに、以前からうすうす考えていたことに確信をもった。それは、「空を飛ぶのに、羽ばたきは必ずしも必要ない」ということだ。1900年、ライト兄弟は翼長が5mもある巨大な飛行機凧をつくり、休暇を利用して、強い風が安定して吹くことで知られるノースカロライナ州アウターバンクスで飛行実験をした。

二人は、新しいことを思いつくとどんどん試した。風洞（人工的に空気の流れをつくるトンネル型の装置）実験に入る前に、彼らは自転車のハンドルにさまざまな形の翼を取りつけて全速力で道を走り、その揚力（翼の運動方向に対して垂直にはたらく上向きの力）を調べた。二人は、それから数回の休暇を使って、空気より重い機体を飛ばすために必要な揚力、制御法、推力という三つの問題を解決し、1903年のクリスマス直前に人類初の動力飛行に成功した。

ヒントは意外なところから

ウィルバー・ライトは、自動車のタイヤチューブを客に売っているときに飛行機を制御する方法を思いついた。細長い箱をいじっていた彼は、箱の両端をひねると平らな面がなだらかな曲面になることに気づいた。この箱がグライダーの翼なら、たわんだ曲面の上の気流によって、グライダーを旋回させることができるだろう。今日の飛行機にそなわっている動翼（補助翼など、機体を制御するための可動式の小さな翼）は、翼のたわみと同じはたらきをしている。

日常になった奇跡

ライト兄弟が最初に製作した飛行機凧は、木材と帆布と針金でつくられた粗末なもので、今日の巨大な飛行機とは翼の形ぐらいしか共通点がない。けれども、動力飛行の基本原理は同じだ。翼の断面の形を涙型にすると、翼の上の気流が下の気流よりも速くなり、部分的に真空ができて、これが翼を持ち上げる。翼が持ち上がれば、翼に固定された機体も、機体に乗っている人も持ち上がる。空を飛ぶことは、今では当たり前のことになってしまった。飛行機に乗る旅行者のほとんどは、これから遠くのビーチで過ごす2週間の休暇のことで頭がいっぱいで、重力に打ち勝って空を飛ぶ奇跡に思いをはせることなどめったにない。

もう一組の兄弟

ライト兄弟は、空気より重い空飛ぶ機械を最初に発明した人物だが、最初に空を飛んだ人物ではない。1783年、フランスのジョゼフ＝ミシェル・モンゴルフィエとジャック＝エティエンヌ・モンゴルフィエの兄弟は、熱気球のゴンドラにヒヨコ、ニワトリ、ヒツジを乗せて上昇させることに成功した。それからまもなく、人間を乗せた最初の熱気球の飛行にも成功した。

強力なライバル

人類初の動力飛行をめざす競争は激しく、ライト兄弟には手ごわいライバルが大勢いた。そのなかには、機関銃の発明で巨万の富を築いたアメリカ生まれのイギリスの発明家ハイラム・マキシムや、アメリカの科学者でスミソニアン研究所の所長をつとめたサミュエル・ラングリーも含まれていた。マキシムやラングリーがライト兄弟に勝てなかったのは、羽ばたき飛行機にこだわっていたせいだった。

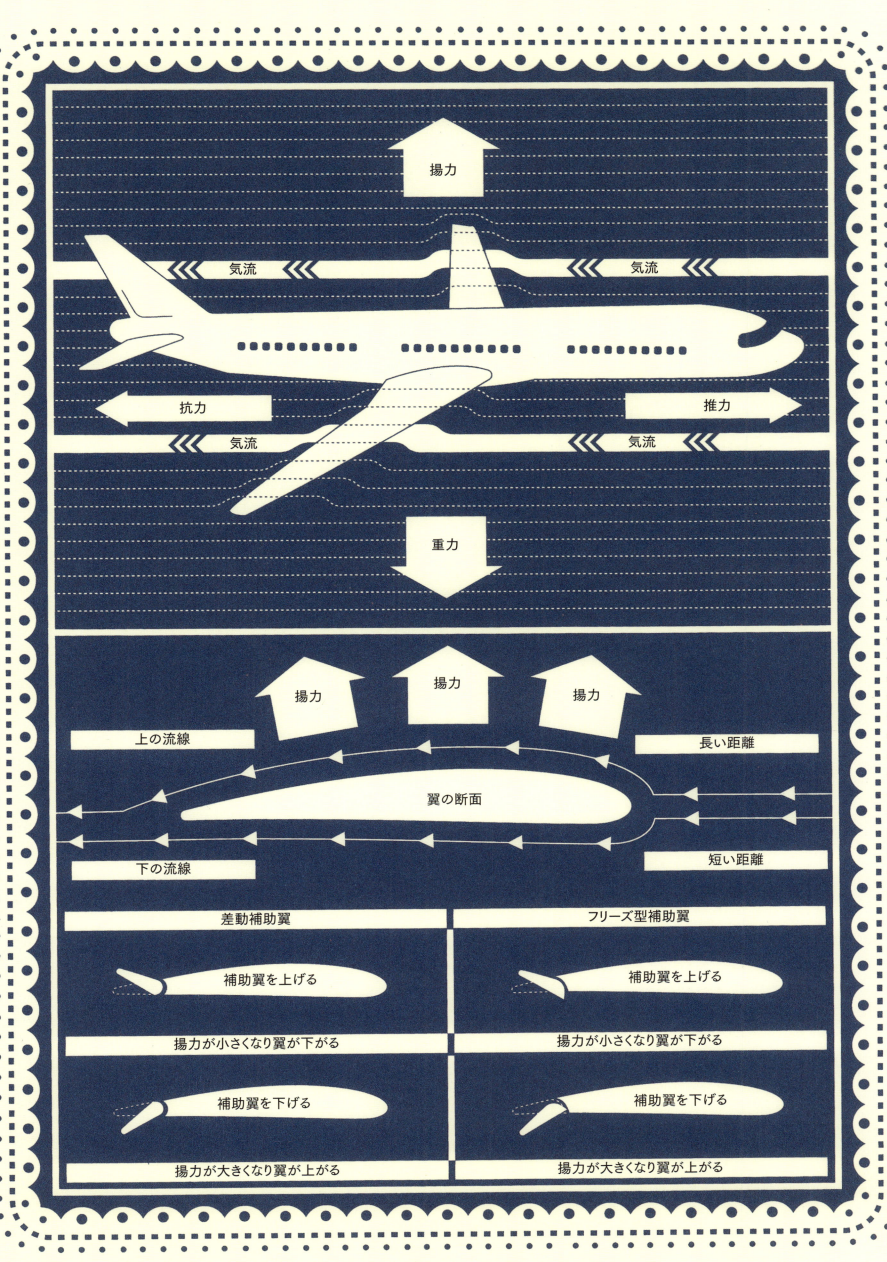

世界のしくみまるわかり図鑑

春分・夏至
秋分・冬至

日の出や日の入りの位置は日々変化しているが、忙しく暮らす私たちがこの変化を意識することはめったにない。けれども私たちの祖先にとっては、天球上の太陽の動きは、時計であり、カレンダーであり、天体の将来の位置を教える天文暦であり、祈りの対象だった。

地球は、傾いた地軸のまわりを自転しながら、1年かけて太陽のまわりの公転軌道を一周する。私たちが暮らす半球が太陽の方向に傾いているときには夏の日ざしをたっぷり浴びることができるし、太陽とは逆方向に傾いているときには冬の長い夜の寒さに耐えなければならない。その中間では、昼と夜の長さが等しくなる。北回帰線と南回帰線は、地球を1周する想像上の円で、それぞれ北半球と南半球の夏至(げし)の日の正午に太陽が頭の真上にくる地点をさす。天球上で、太陽の通り道である黄道が赤道と交わる2点を分点（春分点・秋分点）といい、赤道から最も北または南に離れる2点を至点（夏至点・冬至点）という。

日の出を追いかける

私たちの祖先は、地球が太陽のまわりを1年かけて公転していることなど知らなかったが、太陽が地平線のどこから出てくるかによって季節を知ることができた。冬至(とうじ)の日には太陽が最も南からのぼり、昼の時間が1年で最も短くなる。それを過ぎると、太陽がのぼる位置は少しずつ北に移動し、昼が長くなる。夏至の日には太陽は最も北からのぼり、昼は1年で最も長くなる。その後、太陽がのぼる位置はふたたび南に移動し、昼が短くなっていく。やがて冬至になり、新たな1年が始まる。

人類が定住生活を始めたとき、作物の収穫や生活は季節に左右されていたため、人々は1年の周期を恐怖と不安をもって見守っていた。夏至や冬至から次の夏至や冬至までの日数を数えたものが、人類初のカレンダーだ。

太陽の動きと時間を正確に測定するため、世界各地でモニュメントや寺院や観測所がつくられた。なかでも有名なのはイギリスのストーンヘンジで、夏至の日に太陽がのぼる方向と冬至の日に太陽が沈む方向に合わせて巨石と土塁が並んでいる。

驚異の精度

古代の人々は、1年の長さを驚異的な精度で測定していた。古代ギリシャの天文学者ヒッパルコスは、今から2000年も前に、365.24666日という数字を出している。この数字を使うと、300年に1日しか狂わない暦をつくれる。

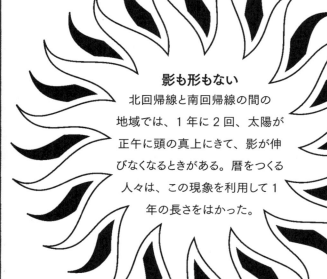

影も形もない
北回帰線と南回帰線の間の地域では、1年に2回、太陽が正午に頭の真上にきて、影が伸びなくなるときがある。暦をつくる人々は、この現象を利用して1年の長さをはかった。

再生を祝う

いつの時代も、天球上の太陽の動きは神聖なものとされていた。アステカ族は、太陽の運行は神々に血を捧げることで続けられると信じていた。太陽が毎日のぼるように、神官は自分の体を刃物で傷つけて血を流したり、戦争捕虜の動いている心臓を石のナイフでえぐり出したりして神々に捧げていた。

現代の祭りはそれほど血なまぐさくないが、私たちはまだ季節の移り変わりを祝う宗教行事を続けている。キリスト教のクリスマスは、冬至を過ぎて太陽が戻ってくるのを祝う祭りが行われていた日に定められた。復活祭（イースター）も、キリスト教より前から行われていた異教徒の春祭りからきていて、卵や兎などの象徴は、その名残(なごり)だ。

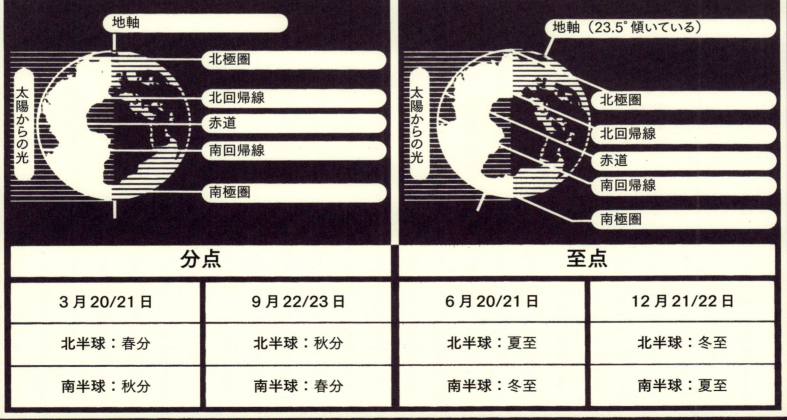

分点		至点	
3月20/21日	9月22/23日	6月20/21日	12月21/22日
北半球：春分	北半球：秋分	北半球：夏至	北半球：冬至
南半球：秋分	南半球：春分	南半球：冬至	南半球：夏至

世界のしくみまるわかり図鑑

川の流域

世界の大都市はどれも川のほとりに建設された。
川の水は私たちの飲み水になり、田畑をうるおし、動力を提供し、
輸送路となり、ゴミを除去してくれる。

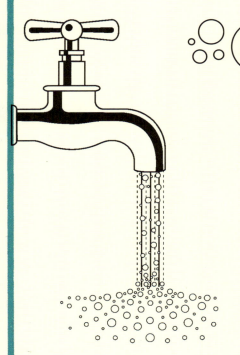

川のほとりの最古の都市
文明は川のほとりで生まれた。世界最古の都市は、今から5300年前に、インダス川流域の現在のパキスタンにあたる地域に建設された。

風呂だって入り放題
古代ローマ人は河川管理の達人だった。ローマには11本の水道があり、新アニオ水道は87km離れたアニエーネ川から水を引いていた。道には公共の蛇口があって、常に水が出ていた。西暦100年のローマでの1人あたりの水の使用量は、1900年のニューヨークと同じだった。

山の水源から流れ下り、曲がりくねって海に注いでゆく川は、見ているだけでもわくわくするが、生活にとっても欠かすことのできないものだ。川のほとりには強大な都市ができた。川は、最初に移住してきた人々に飲み水を与え、市民にとっては輸送路となり、旅人にとってはゆくてをはばむ障害物になった。だから、川の流域はよそ者から守る価値があった。アメリカのピッツバーグは、アレゲニー川とモノンガヒラ川が合流してオハイオ川になる地点を守るために生まれた都市だし、フランスのボルドーは、ガロンヌ川の河口の低地を守るため、橋をかけられる程度に川幅が狭くなっているところに建設された。

形を変える川

川は浸食によって地形を変え、巨大な自然の要塞をつくる。カナダのケベックは、セントローレンス川がつくりだした崖の上の城塞都市だ。川の流れがゆっくりになって蛇行すると、砂と粘土の中間の大きさのシルトと呼ばれる粒子が平原や三角州をつくり、作物を育てやすい場所になる。古代エジプト人がナイル川のほとりで作物を育て、その水を飲んでいたことは有名だ。ナイル川は今でも海に注ぎ込んでいるが、途切れてしまう川もある。人間があまりにも多くの水を使うようになったせいで、世界各地の多くの川がときどき干上がるようになった。数カ国を流れる川では、少しでも多くの水を手に入れようとする関係国の間で緊張が高まっている。

未来への決断

私たちは川の水をもっと大切に利用しなければならないが、そのためには難しくて勇気のいる決断が必要だ。すでに世界では、上流の汚水を処理して下流の飲み水にする施設が稼働している。世界中の12の都市では、グラス一杯の飲み水の半分以上が、汚水をリサイクルした水になっている。川の水が足りないと、政治家たちはほかの川から水を引いてこようとする。中国の「南水北調プロジェクト」は、長江の水を黄河に送ろうという巨大プロジェクトだが、環境に大きな打撃を与えてしまう。草の根運動家は、バルーチスターン(パキスタンからイランにかけての山岳地帯)の村に古くからある低いダムのような、素朴なやり方を好む。
環境にやさしい伝統的な技術が息を吹き返し、ほかの地域でも利用されるようになれば、私たちは野生動物を害することなく、のどをうるおすことができるだろう。

**2025年には世界人口の3分の1が
水不足に直面すると予想されている。**

― 世界のしくみまるわかり図鑑 ―

元素の周期表

古代の思想家たちは、あらゆる物質は、土、空気、火、水の4種類の「元素」からできていると考えていた。私たちは今や、話はそれほど単純ではないことを知っている。自然界には約100種類の元素があり、存在するもののすべてが、これらの元素の組み合わせによってできている。元素を並べて、性質のよく似た元素が周期的にあらわれるようにした表を周期表という。

As 33 その後、人類が知る元素の種類は少しずつ増えていった。1500年には13種類、それから350年で45種類の元素が発見された。その多くが共通の性質を示したため、化学者たちは性質の似た元素を並べたリストをつくり、これを「ピリオド（周期）」とよぶようになった。19世紀になると、元素の理解を深めるために、性質によって元素を分類する研究が始まった。あるとき、原子の質量（原子量）にしたがって元素を並べてみたところ、いくつかのよく似た元素がきれいに並び、化学者たちはこの分類法に自信を持つようになった。

そのころ、ロシアの大学で化学を教えていたドミトリー・メンデレーエフは、大学の教科書を執筆しながら、さまざまな元素の性質をわかりやすく説明できないかと考えていた。1869年2月のある寒い金曜日、彼は元素をグループ分けして表をつくろうと思い立った。週末には元素を縦横に並べた表ができたが、まだ完璧とは思えなかった。

月曜日にはチーズ業者の会合で講演をする予定になっていたが、メンデレーエフはこれを取り止めて作業を続けた。その日の午後、疲れ果てた彼は机に伏せて目を閉じた。深い眠りから目覚めると、自分が見た夢に驚いた。「夢の中で、すべての元素があるべき場所におさまった表を見ていた」からだ。まだ眠気でふらふらしていたが、彼は急いでその表を描きはじめた。

メンデレーエフはこれまでと同じように原子量にしたがって元素を並べたが、今回は、性質の似た元素が縦に整列するように並べてみた。元素をきれいに並べるためにはちょっとした工夫が必要だった。ぴったりの元素がないところは空欄のままにして、両隣の元素と少しずつ似た新元素が発見されるだろうと予言したのだ。彼はまた、性質の似た元素が並ぶように、元素を並べる順番を入れ替えたりもした。

Os 76 オスミウム（原子番号76）は、いやな匂いの蒸気が出るため、「匂い」を意味するギリシャ語「オスメー」にちなんで名づけられた。

冷笑から成功へ

翌月、メンデレーエフは学会でこの表を発表したが、まともに相手にされなかった。けれどもその5年後に、フランスの科学者がガリウム（原子番号31）を発見したことで風向きが変わった。ガリウムの性質や重さが、アルミニウムの下の空欄に入るべき未知の元素についてメンデレーエフが予言した性質や重さに非常に近かったのだ！

メンデレーエフが巧妙だったのは、基本的には原子量にしたがって元素を並べていたものの、性質の似た元素が並ぶように、ところどころで順番を入れ替えていた点だ。今日では、各元素の性質は、原子量ではなく原子番号によって決まることがわかっている。原子番号とは、原子核の中にある陽子の個数だ（16ページ参照）。原子量にしたがって原子を並べると、原子番号順に並べたときとは順番が少し違ってしまうのだ。

一瞬だったけど見えた？

自然界に元素は98種類しかない。それ以外の元素は、粒子加速器（円形に並べた磁石で原子を加速し、大きな運動エネルギーを与える巨大装置）で加速した原子を標的に衝突させてつくった人工元素だ。ドイツの研究チームがマイトネリウム（原子番号109）をつくったときには、鉄（26）原子を標的のビスマス（83）に1週間も衝突させた。この実験でできたマイトネリウム原子は1個だけで、わずか0.005秒で崩壊した。

呪いの元素

コバルト（原子番号27）の名前は、ドイツの民話に出てくる妖精「コボルト」からきている。16世紀に銀山で働いていた労働者が、もしかすると銀（47）に変化するかもしれないと思ってコバルト鉱を加熱してみたところ、恐ろしいヒ素（33）の蒸気が発生したため、コバルトに呪われた鉱石と信じられるようになった。コバルトはヒ素と結合して鉱物をつくっていることが多いのだ。

周期表は今も大きくなっている。2015年末には、113、115、117、118番元素が追加された。

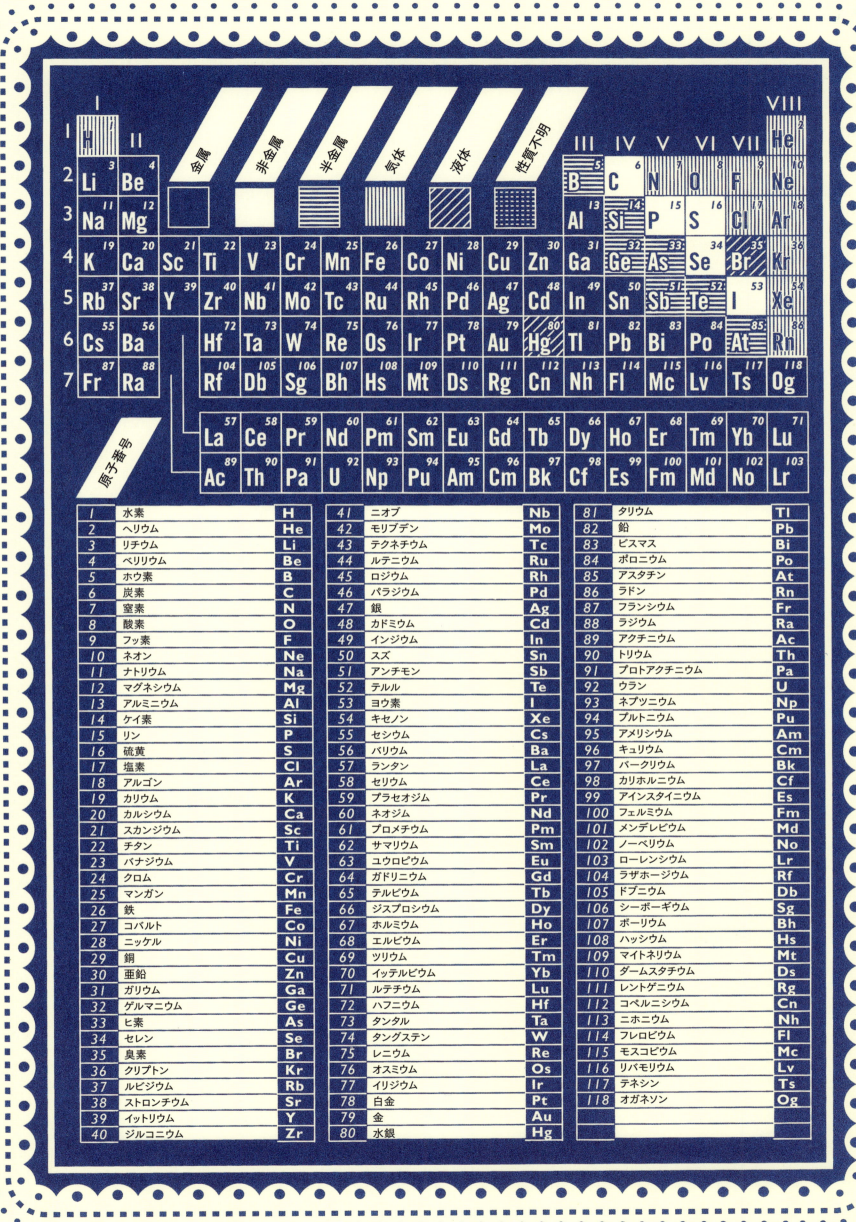

世界のしくみまるわかり図鑑

画家やデザイナーのための
鉛筆と絵筆

画家の道具のなかで最も古い歴史をもつのは筆だ。最初の筆は、今から2万2000年前に、洞窟に絵を描くために使われた。筆に比べると鉛筆の登場はずっと新しく、16世紀初頭に黒鉛が発見されたあとのことだ。

室内装飾は、先史時代の人々が指先に顔料をつけて洞窟の壁面に絵を描いたときに始まった。彼らはやがて、指先では描けないほど細い線を描きたいと思うようになり、木の枝の繊維をほぐして筆をつくった。その後、人間の髪の毛のほか、馬、羊、鹿、狐、狼の毛を使った筆がつくられるようになった。

いちばん柔らかい毛でできた筆は「セーブル筆」とよばれている。その名のとおり、当初はセーブル(クロテン)というロシア産のめずらしい動物の毛でつくられていたが、今ではシベリアイタチの毛で代用されている。19世紀まで、こうした毛の束を中空の羽軸(鳥の羽毛の中央にある軸)に詰めて筆にしていたため、毛先の形には制約があった。その後、スズや銀の口金(フェルール)を使って毛束を木製の軸に固定できるようになり、ファン筆のような新しい形の筆が登場した。

アメリカ初の鉛筆は、砕いた黒鉛と膠(にかわ)を混ぜた芯をニワトコの枝の軸に入れたもので、マサチューセッツ州メドフォードの女子生徒によって1800年以前につくられた。

黒鉛が発見されるまで、薄い灰色の線を引くのに鉛の細片が使われていた。今日の鉛筆には鉛は使われていないが、英語ではまだ鉛筆の芯のことを「レッド(鉛)」とよぶ。

意外な理由で品薄に
砲弾の鋳型に黒鉛を塗っておくと、できあがった砲弾を鋳型から抜きやすくなる。イギリス軍の将校がこのことに気づくと、鉛筆は品薄になった。黒鉛の密輸入は重罪とされ、犯人は絞首刑にすることができた。

筆の名前
一部の筆には、毛先の形に似たものや用途にちなんだ名前がついている。フィルバート筆の先はヘーゼルナッツのような楕円形になっているが、ヘーゼルナッツは古いフランス語で「聖フィリベールの木の実」とよばれていた。フィルバートはフィリベールの英語読みだ。また、リガー筆は先のとがった長い筆だが、船の絵を描くときに、ロープや鎖などの索具(リギング)を細かく描き込むのに使われることが多かったため、この名前がついた。

羊飼いの発見
鉛筆のことを英語で「ペンシル」と言うが、ペンシルはもともと細い筆のことだったので、初期には、毛先に絵の具をつけて使う筆と区別するために「ドライペンシル」と呼ばれていた。私たちがふだんなにげなく使っている鉛筆は、立派な発明品なのだ。16世紀にイギリスの湖水地方のボローデールで初めて黒鉛が発見されたとき、最初にその価値に気づいたのは地元の羊飼いだった。羊飼いは、黒鉛を使って羊に印をつけた。早くも1565年には、芸術家や大工が、棒状に加工した黒鉛に紐を巻いて包んだものを仕事に使うようになっていた。

鉛筆の完成
細くした黒鉛を木の棒に詰めて、とがらせやすく、持ちやすくすることを最初に思いついたのが誰だったのかはわからない。イギリスではボローデールの近くに住んでいた大工が発明したと言われているが、ドイツにライバルがいる。ニュルンベルクの大工組合は鉛筆製造の独占権をもっていたし、1662年にはフリードリヒ・シュテットラーがこの地に鉛筆工場を建てている。

黒鉛を今のような鉛筆の芯にしたのはフランス人だった。1794年、気球乗りで陸軍将校だったニコラ=ジャック・コンテが、黒鉛と粘土を混ぜて焼き固めた芯を開発した。この芯は、書き味がなめらかだっただけでなく、硬さと濃さを調節することができた。鉛筆はそれ以来ほとんど変わっていない。

世界のしくみまるわかり図鑑

月の満ち欠け

月は、地球のまわりを約1カ月の周期で公転する衛星だ。地球から見る月は、細い弓のような形から徐々に膨らんでいき、まんまるに輝いたかと思うと、また細くなって消えてしまう。人間は、満ち欠けを繰り返す月を畏(おそ)れ敬い、科学的に研究し、さまざまな伝説を受け継いできた。

月の満ち欠けは光のトリックにすぎず、月そのものの大きさや形は変わらない。太陽からの光が月に当たる角度が毎晩変わっていくことで、明るく照らされる部分が広くなったり狭くなったりするのだ。

月は地球のまわりを公転しているため、29.5日周期の満ち欠けが生じる。満月が規則的にやってきて、次の満月の時期を予想できたことから、今から1万年ほど前に、月の満ち欠けにもとづく最古の暦がつくられた。1年を12カ月とするのもこの暦から始まった（1年は365日なので、1カ月を29.5日とすると日付と季節がずれていってしまう。そこでローマ人は、365日を12カ月に分割するうまい方法を考えた）。

収穫月

ふつう、月の出は毎日50分ずつ遅くなるが、秋分（40ページ参照）のころの5〜6日間は、あまり変わらない時刻に丸い月がのぼってくる。この月を「ハーベスト・ムーン（収穫月）」という。日が沈んでも月が畑を明るく照らすため、収穫作業ができる時間が長くなる。

電気が使えるようになるまで、旅人は満月の光に導かれて夜道を進んだ。

月の伝説

月の満ち欠けに関連した民間伝承は非常に多く、1920年になっても、オーストリアの哲学者ルドルフ・シュタイナーが、月の暦に合わせて種まきをすると作物がよく育つという新たな迷信を生み出している。月に関する迷信のなかで、特にしぶとく残っているものの一つに、満月は精神疾患を悪化させるという説がある。昔は、精神疾患のある人は「月の影響を受けた者」とよばれ、満月の晩には拘束されていた。

もちろん、満月が人間の脳に影響を及ぼすことなどないが、月の神秘的な力を信じるあまり、まちがった思い込みにとらわれる人は少なくない。助産師のなかには、満月の日には出産が多いと言う人がいるが、そのようなデータはない。警察署長のなかにも、満月の日には犯罪が増えるとして警察官の巡回を増やす人がいるが、犯罪の発生件数は月の満ち欠けとは無関係だ。

月が青くなったら

ほとんどの年は、月の満ち欠けが12回ある。29.5日の満ち欠けが12回だと354日にしかならないので、2〜3年に一度、13回目の満月が見られることになる。これが「ブルームーン」だ。英語では「ごくまれに」という意味で「once in a blue moon（ワンス・イン・ア・ブルー・ムーン）（ブルームーンのたびに）」と言うことがあるが、2〜3年に一度なら、そんなにまれではないかもしれない。

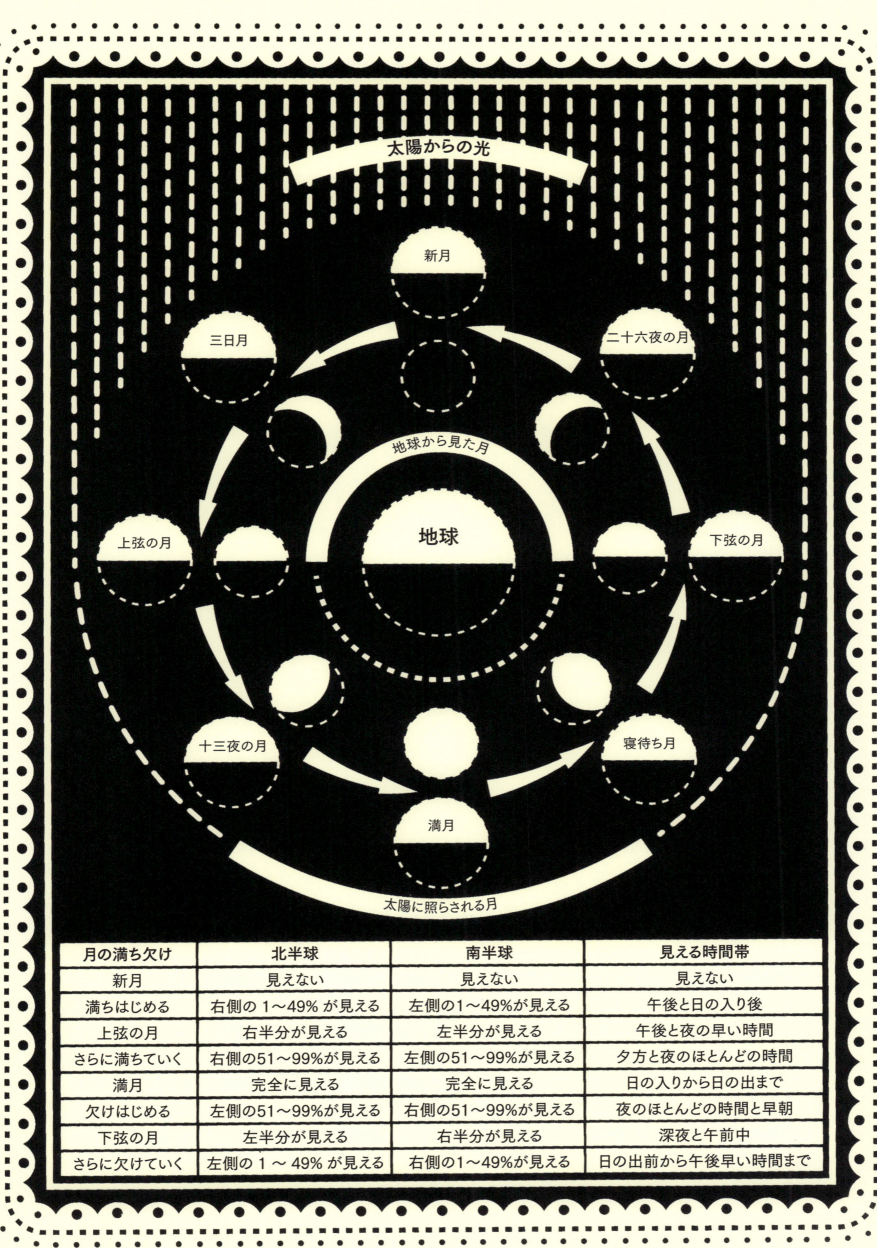

――― 世界のしくみまるわかり図鑑 ―――

人体の臓器

死者を敬う気持ちから、人間はほんの300年前まで人体の臓器について あまりよく知らなかった。それより前の時代の医師たちは、動物や、処刑された犯罪者や、戦争で負傷した人々から、人体の構造を学んでいた。

1万4000年前に人類が戦争をするようになると、人々は、生命を維持する役割を担う内臓を目にしてしまうことが多くなった。戦士の剣が敵の腹を切り裂けば、腸が入り口と出口のある1本の曲がりくねった管であることがわかった。

1世紀のインドの解剖学者たちは、人体の構造をもっとよく知るために、遺体を放置して腐らせ、ブラシを使って詳しく調べた。紀元前4世紀のギリシャの医師ヘロフィロスは、処刑の前と後の犯罪者を解剖した。その数世紀後、同じくギリシャの外科医ガレノスは、負傷した戦士の傷を調べた。

ご冗談でしょう？
ウィリアム・ハーヴェイは、血液循環の発見により解剖学に革命を起こしたが、ほかの臓器については古い考え方をしていた。彼は、笑うことができるのは脾臓（ひぞう）が健康な証拠だと言っていた。体液理論によれば、脾臓は憂鬱をつかさどる臓器であるからだ。

追いつかない理解

解剖学者による研究は、医師が人体について描写する役には立ったが、理解の役には立たなかった。たとえば、胃が空になると空腹を感じることはわかったが、その理由は説明できなかった。

ほかの臓器も謎だった。たとえば肝臓は、大昔から脳や心臓と並ぶ重要な臓器であることが知られていた。ガレノスは、肝臓の仕事は血液をつくって胃を温めることだと考えていた。また、脾臓（ひぞう）と胆嚢（たんのう）を発見し、どちらも消化にかかわっているのではないかと考えていた。ただ、彼は当時の通説である「体液説」を信じていたため、すべての臓器がこの仮説どおりにふるまうことを確認したいとしか思っていなかった。体液説とは、人間の健康が、血液、粘液、黄胆汁、黒胆汁という4種類の体液のバランスによって決まるとする考え方だ。

この体液説が、13世紀まで人体の研究の足かせになっていた。解剖学者たちは、臓器の絵を描いたり説明したりするのは上手になったが、臓器の理解はほとんど進んでいなかった。1500年になっても、彼らはまだ肺が怒りをつかさどっていると信じていた。

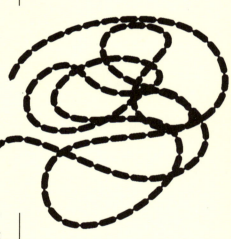

腸の長さはどのくらい？
ヒトの小腸の長さは6.5mで、ソーセージの皮にするなら40〜50本つくれる長さだ。

> 心臓が感情をつかさどっているという古代の考え方が間違いであることはとっくにわかっているが、私たちはいまだに恋愛はハートでするものだと思っている。

科学の夜明け

17世紀に近代科学が生まれると、無知の時代は終わりを告げた。1628年、イギリスの医師ウィリアム・ハーヴェイは、心臓が血液を循環させる役割を担っていることに気づいた。メスによる解剖や、発明されたばかりの顕微鏡は、ほかの臓器の秘密も解明していった。

最後に残った謎は脳だ。脳のミクロの構造は19世紀末には詳細に研究されていたが、私たちはいまだに1000億個の神経細胞が意識や人格や幸福感を生み出すしくみを説明できない。

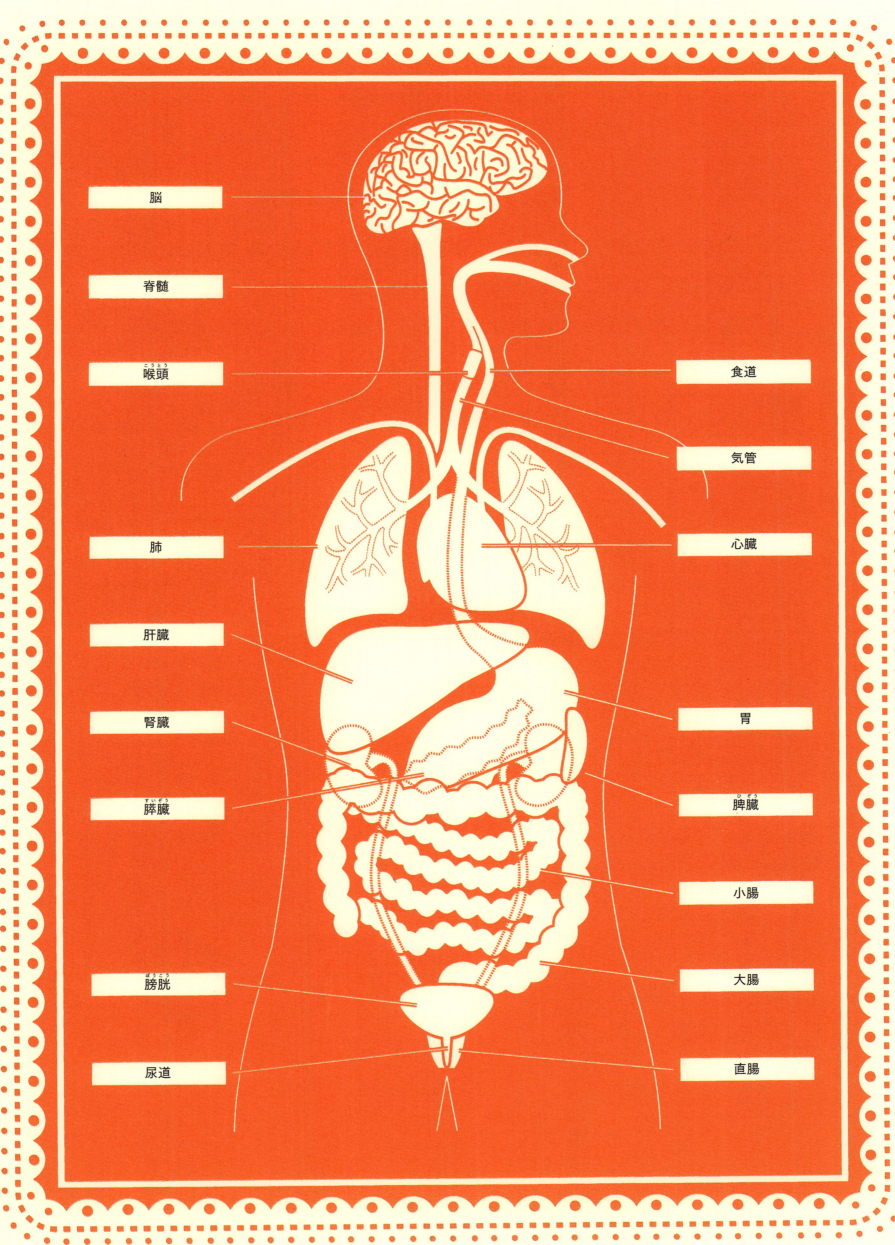

※実際には食道は気管の後ろにあります。

― 世界のしくみまるわかり図鑑 ―

正多角形と
タイル貼り問題

すべての内角の大きさと辺の長さが等しい多角形を
「正多角形」という。正多角形には人工的なイメージがあるが、
辺の数が比較的少ないものは自然界のあらゆるところにみられる。

自然界でみられる正多角形のなかで最も洗練されているのはハチの巣だ。ミツバチは六角形の巣房がびっしり並んだ巣をつくるように進化してきた。六角形はすき間なく並べることができるため、最少の材料で最大の巣をつくることができるのだ。

ミツバチが分泌する蜜蠟という物質でできた六角形の巣は、薄くても非常に頑丈だ。私たち人間は、少ない材料で最大の強度を実現するため、梱包用のボール紙から飛行機の翼に用いる複合材料まで、さまざまなものにミツバチの巣をまねた六角形構造を利用している。

数学という学問が始まった当初から、人々は正多角形に興味をもっていた。古代ギリシャの哲学者プラトンは、紀元前4世紀に、物質世界に存在するすべてのものは正多角形からできていると考えていた。なお、多角形を表す英語は、「トライアングル（三角形）」と「クワドリラテラル（四角形）」以外は、すべてギリシャ語の組み合わせからできている。「ペンタゴン（五角形）」「ペンタデカゴン（十五角形）」「ペンタコンタゴン（五十角形）」など、どの多角形の名前もギリシャ語の数詞で辺の数を表し、角を表すギリシャ語「ゴン」で終わる。

辺の数が多い多角形は、英語では舌をかみそうな名前になる。たとえば、四十九角形は「テトラコンタエニアゴン」だ。数学者によれば一角形と二角形もあるらしいが、それがどんなものなのか素人にわかるように説明してくれないので、私もみなさんに説明できない！

巨人の道

正多角形をつくり出すのは生物だけではなく、鉱物や地形にもよくみられる。きらきら輝く鉱物の結晶や奇怪な風景をつくり出す火山岩は、自然にできたとは思えないほど規則的な形をしている。

これは、結晶や火山岩を構成する原子（16ページ参照）の一つ一つが硬いボールのようにふるまう結果、屋台の上にピラミッド型に山積みされたりんごのように整然と並ぶからだ。

北アイルランドのアントリムの海岸には、火山岩の巨大な石柱がびっしり並んだ「ジャイアント・コーズウェイ（巨人の敷石道）」で有名だ。これも非常に規則的だが、6000万年前の火山活動の際に、溶岩が冷え固まって自然にできた。すき間なく並んだ4万本の石柱のほとんどが六角柱だが、四角柱や八角柱の石柱もあり、世界で最も有名なタイル貼りの道になっている。

タイル貼りの数学

正六角形を並べていくと、すき間なく平面を埋めることができる。これはれっきとした数学の問題で、「タイル貼り問題」という。1種類のタイルだけで平面を埋めつくせる多角形は、正六角形のほかには正方形と正三角形しかない。複数種類のタイルを使ってよいなら、これより多くの辺をもつ正多角形でもすき間なく平面を埋めることができる。

円は、無限の数の辺をもつ多角形だ。

イスラムのモザイク

タイルが複雑に敷きつめられたイスラム建築の壁は、幾何学を使った究極の装飾だ。このようなタイル装飾は「ギリー」とよばれ、現在知られている最も古いものは1200年ごろにつくられた。

108°
古代ギリシャの数学者は、コンパスと定規だけを使って正三角形、正方形、正五角形を作図する方法を知っていた。

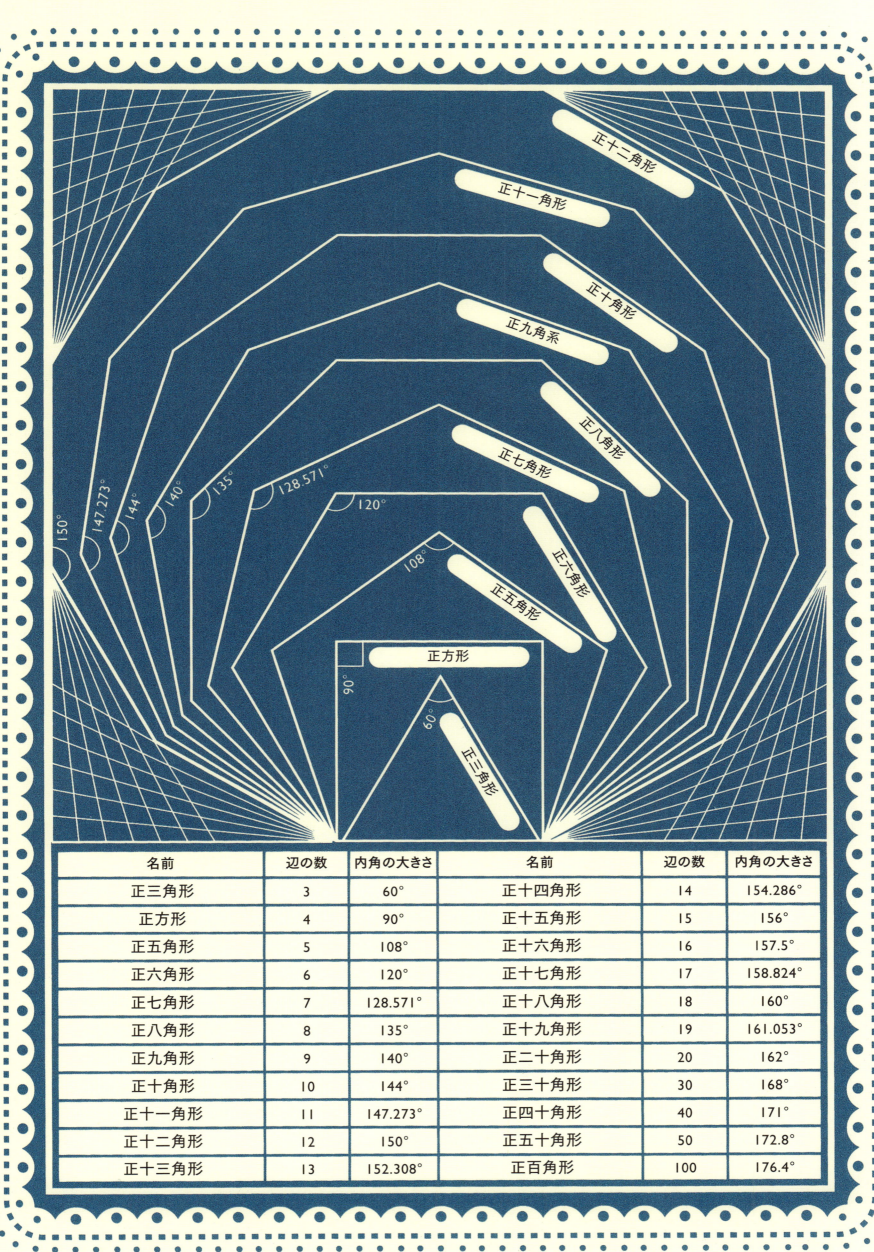

名前	辺の数	内角の大きさ	名前	辺の数	内角の大きさ
正三角形	3	60°	正十四角形	14	154.286°
正方形	4	90°	正十五角形	15	156°
正五角形	5	108°	正十六角形	16	157.5°
正六角形	6	120°	正十七角形	17	158.824°
正七角形	7	128.571°	正十八角形	18	160°
正八角形	8	135°	正十九角形	19	161.053°
正九角形	9	140°	正二十角形	20	162°
正十角形	10	144°	正三十角形	30	168°
正十一角形	11	147.273°	正四十角形	40	171°
正十二角形	12	150°	正五十角形	50	172.8°
正十三角形	13	152.308°	正百角形	100	176.4°

世界のしくみまるわかり図鑑

オーケストラの
楽器の配置

クラシック音楽のコンサートに行くと、ステージ上にオーケストラが整然と並んでいる。オーケストラの楽器の配置は昔から決まっているように思われるかもしれないが、おそらくみなさんの想像以上に自由だし、その歴史は驚くほど新しい。

音楽の歴史は古いが、オーケストラの歴史はそうでもない。17世紀初頭まで、ヨーロッパの音楽家が大勢で演奏することはめったになかった。舞踏会や祭礼のとき、オペラの上演やバレエの伴奏をするときには、演奏家の席は決まっておらず、空いている場所に適当に座っていた。標準的な楽器の配置が定まってきたのは18世紀のオペラからだが、今日の配置とはかなり違っていた。バイオリニストたちは、対面机をはさんで2列に向かい合わせで座っていた！

拍子を合わせる

音楽家が少人数で演奏するときには、お互いの音がよく聞こえているため、拍子を合わせるのはむずかしくない。けれども人数が増えると、全員が見える場所から指示を出すリーダーが必要になる。

仲間うちで演奏するなら、ハープシコード奏者や首席バイオリン奏者のまわりに円になって演奏すればよい。けれども本番では、聴衆に向かって演奏をしなければならないため、円形ではなく三日月形に並ぶことになる。やがて、リーダー格の奏者は楽器を演奏するのをやめて、オーケストラのために拍子をとるのに専念するようになった。最初に指揮が専門職になったのはフランスだった。

1820年代になると、指揮者はステージの中央に立ち、拍子だけでなく演奏の全体をコントロールするようになった。指揮者は楽曲に合わせて楽器の配置を決め、すべての楽器の音がよく聞こえるように気をくばった。大きな音を出す太鼓やシンバルなどの打楽器がステージの後ろの方にいるのは、そのためだ。

足元に注意

現代の指揮者は手や指揮棒を振って拍子をとるが、昔の指揮者は重い杖で床を叩いて拍子をとっていた。フランスの作曲家ジャン＝バティスト・リュリは、1687年にこの方法で指揮をしていたときに、間違って自分の足を杖で叩いてけがをし、その傷がもとで3カ月後に死亡した。

最初は効果音

18世紀初頭まで、オーケストラにコントラバスが入る場所はなかった。コントラバスが最初に登場したとき、作曲家たちは、雷や地震を表現する効果音としてしか利用しなかったからだ。

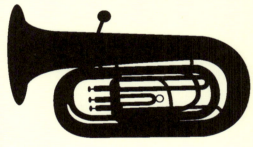

「標準」なんてない

次のページに示すのはオーケストラの楽器の標準的な配置だが、固定されているわけではなく、指揮者はステージの形に合わせて配置を変えたり、楽譜が指定するその他の楽器を入れたりする。たとえばピアノだ。ピアノはステージの最前列に置かれることが多く、その場合は、弦楽器が横にずれて場所をあける。

現代音楽では、バッハやベートーベンが考えもしなかったような楽器を使うことがあり、ステージ上の楽器の配置も新しくなる。例えば、マルコム・アーノルドの1956年の『大大的序曲』という作品には、2台の掃除機と1台の床みがき機が楽器として使われている。2008年にロンドンのロイヤル・アルバート・ホールでこの曲が演奏されたときには、掃除用具の「演奏者」たちはステージ最前列のバイオリンの横に配置された。

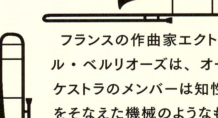

フランスの作曲家エクトル・ベルリオーズは、オーケストラのメンバーは知性をそなえた機械のようなものであり、指揮者は巨大なピアノを演奏するようにオーケストラを演奏するのだと書いている。

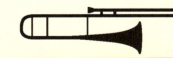

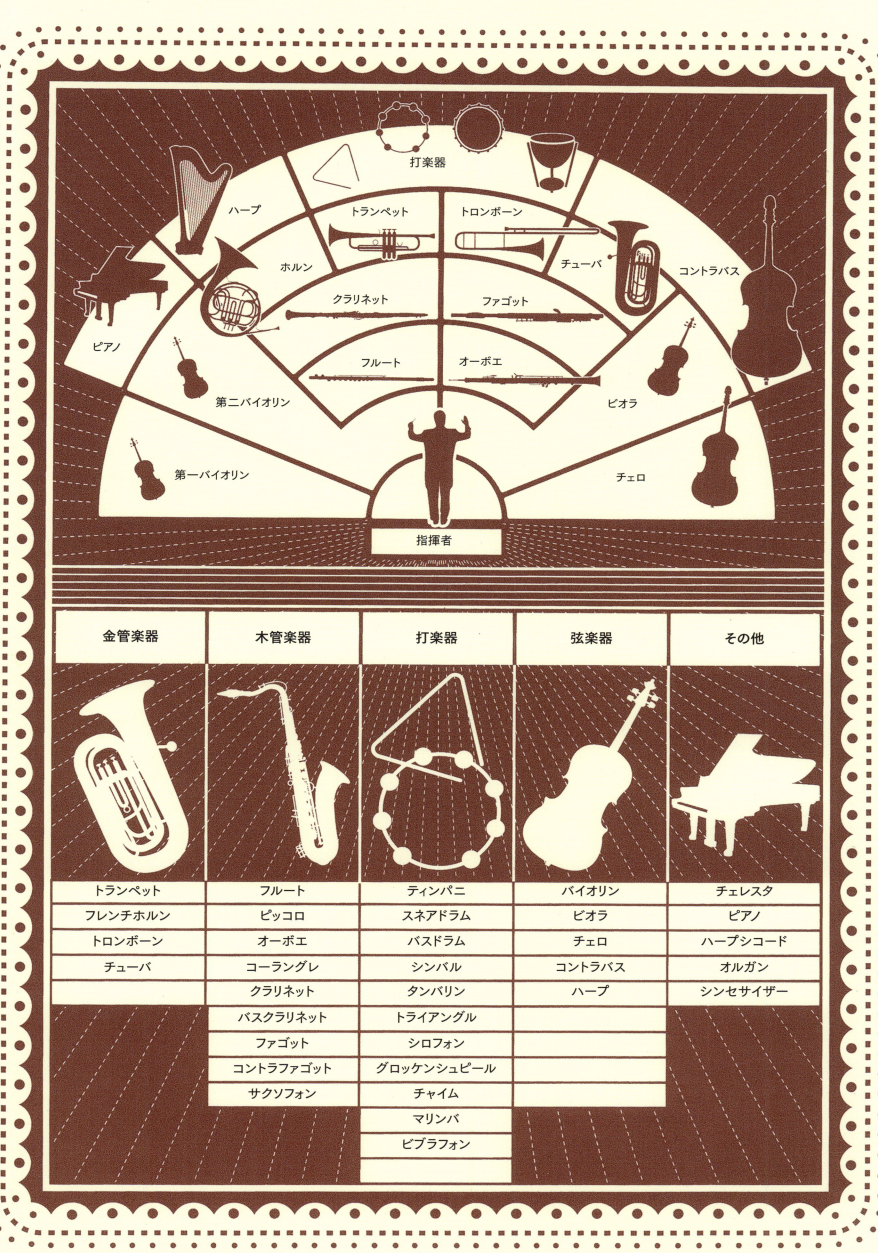

世界のしくみまるわかり図鑑

潮の満ち干

海岸で1日過ごすと、寄せては返す磯波(いそなみ)のほかに、海面の水位のゆっくりした上下があることに気づくだろう。これが潮汐(ちょうせき)だ。潮位の大きさと変化のタイミングは、月の満ち欠けにしたがっている。

海岸に行けば、潮の満ち引きの力とリズムにすぐに気づく。

人類は昔から、潮汐はなぜ起こるのだろうとふしぎに思っていた。中国とインドの伝説では、海には巨大な怪物がいて、その呼吸が潮汐を引き起こしているとされていた。

潮汐のリズムは海岸ごとにばらつきがあるが、多くの場合、潮位の上下は1日に2回あり、翌日は45分遅れで同じ変化が起こる。

潮汐が生じるのは、地球の表面に、月や太陽からの引力と地球の公転による遠心力がはたらいているからだ。この二つの力を合わせたものが、海水を持ち上げて潮汐を起こす力(起潮力(きちょうりょく))になる。起潮力は月や太陽に面した側とその反対側で最大になるため、地球が自転して月や太陽との位置関係が変化すると、起潮力が大きい場所も移動していく。地球にはたらく力が太陽の引力だけだったら半日ごとに満潮になるはずだが、月の引力もあるため話は複雑だ。月が地球のまわりを回る運動と、地球が太陽のまわりを回る運動がある関係で、満潮時刻は毎日同じにはならず、約50分ずつ遅くなる。

> 潮汐により移動する海水と海底との摩擦により、地球の自転は少しずつ遅くなり、月は1年に38mmずつ地球から遠ざかっている。

大潮のことを英語で「スプリング・タイド」と言うが、これは春(スプリング)の潮という意味ではなく、急に始まり、潮流が速いという意味だ。

一筋縄ではいかない

太陽と月は潮位変化のタイミングだけでなく、大きさにも影響をおよぼす。地球に対して月と太陽が一直線に並ぶ新月と満月の時期には、起潮力が最大になるため、干満の差が最も大きい「大潮(おおしお)」になる。地球に対して月と太陽が直角に並ぶ上弦の月と下弦の月の時期には、起潮力が最小になるため、干満の差が最も小さい「小潮(こしお)」になる。

地球の海が非常に深く、陸地が非常に小さければ、潮位の変化を予想するのは簡単だ。けれども海はそれほど深くなく、あちこちに大きな島や大陸があるため、海底や陸地との摩擦によって海水の動きが遅くなり、流れの向きも複雑になる。場所によっては潮位差が非常に大きくなることがある。カナダのファンディ湾の潮位差は16mもあり、世界最大だ。

潮汐に影響をおよぼす要因はほかにもいろいろあるため、潮汐を正確に予想するのはむずかしい。この問題を解決したのは計算機だった。初期の計算機は、潮汐の予想しかできない機械じかけの「潮候推算機(ちょうこうすいさんき)」というもので、真鍮(しんちゅう)でできていたため重さは何トンもあった。今では、あなたのポケットの中のスマートフォンが、はるかに高速に、正確に計算してくれる。

潮汐がない場所

世界の海には潮汐がほとんどない場所がある。地中海などの内海の潮汐が小さいことはよく知られているが、大海の真ん中もそうだ。たとえば、タヒチ島のまわりの太平洋も潮汐がほとんどない。

最初の潮位表

最初に潮位を記録したのは今から2200年前のギリシャの地理学者だが、潮位の観測データを利用して上げ潮と引き潮を最初に予想したのは中国人で、1056年に銭塘江(せんとうこう)の潮位表をつくった。

カエサルの誤算

干満の差がほとんどない地中海に慣れていたユリウス・カエサルは、紀元前1世紀にイギリスに侵攻したときに、大きな潮位差のせいで苦戦を強いられた。ローマ軍はフランスから船出し、イギリスの海岸で干潮時に船を係留(けいりゅう)したため、もう少しで船団を失うところだった。イギリスの海岸では、満潮時に潮位が6mも上昇することはめずらしくない。

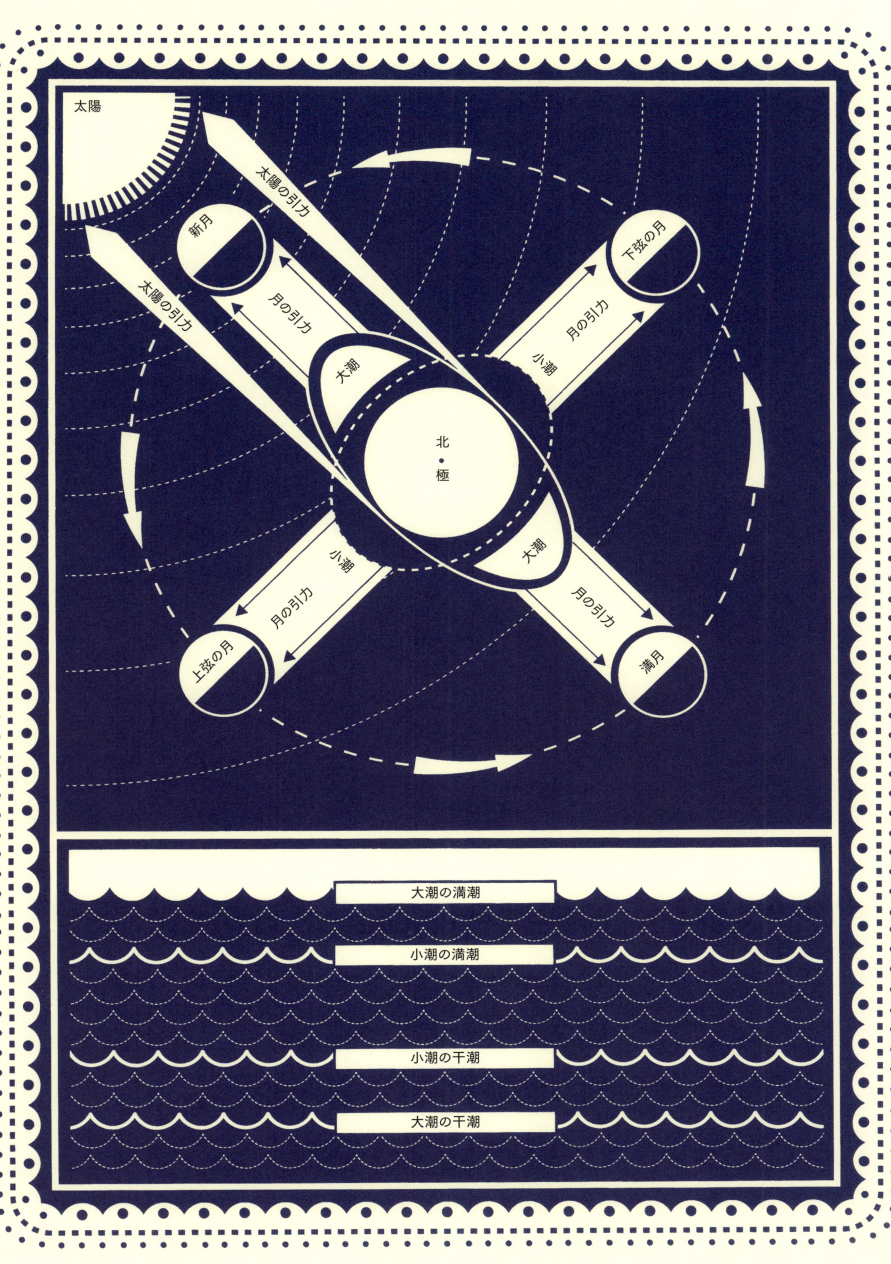

世界のしくみまるわかり図鑑

ローマ数字

はるかな昔、人々の持ち物がほんの少し増えてくると、すぐに数を数えて記録する技術が生まれた。I、V、X、C、Dなどのローマ数字は、先史時代の画線法(かくせんほう)(線を引いて数を表す方法。日本では「正」の字を一画ずつ書いていく)という数字の数え方をもとにしている。

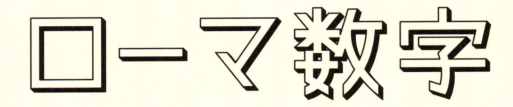

ローマ数字で5を表す「V」は、10を表す「X」の上半分だ。

頼りない数字

銀行家は、アラビア数字がローマ数字に比べて改ざんしやすいことを不安に思っていた。14世紀のベネチア人が書いた会計事務についての本には、「アラビア数字は改ざんしやすく、0を6や9にするのは簡単だ」とある。

中国の数字

中国人は紀元前400年ごろから数字を書いていた。数字は、筆で書いた直線を並べたものだった。計算をするときには、ローマ人と同じように、ます目で区切った算盤(さんばん)の上に、数を表す算木(さんぎ)という棒を並べて行った。

これまでに発見されている最古の「数字」は、木の棒にナイフで刻みつけた印だ。1本線の印で1を表し、大きい数には2本線の印を使った。先史時代の農夫たちは、こうした印を利用して羊や牛の群れを数えていたようだ。

だから、2500年以上前に古代ローマ人が数字を記録するようになったときにも、ナイフで刻みつけたような形の印を選んだ。彼らの記数法(きすうほう)では、数本の線を手早く引くだけで89までの数を表すことができた。1000を表すには、ギリシャ語の「Φ(ファイ)」に似た記号を使った。1000の半分である500は、Φの右半分の「D」で表した。中世(西暦1000〜1500年)になると、1000は「M」で表されるようになった。1000を表すラテン語「mille(ミッレ)」の最初の文字からとったものと考えられている。

計算には不向き

ローマ数字は数を数えるには十分だったが、これを使って計算するのはむずかしかった。今日のように、足し算をしたい数字の位をそろえて縦(たて)に並べて、一の位、十の位と順番に足し合わせていくわけにはいかなかったからだ。ローマ人は、計算には「そろばん」に似た計算盤(けいさんばん)を使っていた。計算盤には千、百、十、一の位を表す線が刻まれていて、それぞれの線の上で数字を表す玉を動かして計算するようになっていた。

インド生まれのアラビア数字

ローマ数字に代わって現在広く使われているアラビア数字は、西暦500年ごろにインドで考案された。インド生まれなのに「アラビア」数字とよばれているのは、中東を経由してヨーロッパに入ったからだ。アラビア数字のすばらしさは、ローマ数字にはない「ゼロ」の概念を表す数字「0」をもつ点にある。これにより、今日のように数字の位置で桁(けた)を表す「位取り記数法」ができるようになった(たとえば、右から3番目の数字が「0」なら、百の位がゼロであることがわかる)。また、位をそろえて数字を縦に並べられるようになり、計算が大幅に楽になった。

私たち現代人にとっては、アラビア数字はローマ数字よりずっと使いやすいが、当時のヨーロッパ人には、何もないことを表す数字という概念を理解するのがむずかしかった。そのためいつまでもローマ数字を使いつづけ、ローマ数字からアラビア数字へと完全に移行したのは17世紀になってからだった。

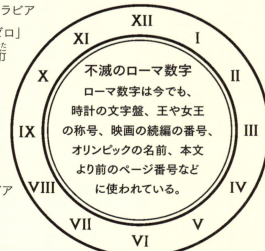

不滅のローマ数字
ローマ数字は今でも、時計の文字盤、王や女王の称号、映画の続編の番号、オリンピックの名前、本文より前のページ番号などに使われている。

世界のしくみまるわかり図鑑

鉱物の硬さを示すモース硬度

ダイヤモンドか模造品か？ 本物のダイヤモンドは非常に硬いので、ほかの鉱物でひっかいても傷はつかず、ガラスに簡単にひっかき傷をつけることができる。どの鉱物がどの鉱物にひっかき傷をつけられるかという「ひっかき試験」は、鉱物の硬さを調べる方法として昔から行われていたが、ドイツの鉱物学者フリードリヒ・モースが科学的なものにした。

最高のコレクション

モースのパトロンは、オーストリアの銀行家ヤーコプ・フリードリヒ・ヴァン・デア・ヌルだった。ドイツ語では「ヌル」はゼロという意味だが、ヌルは大金持ちだった。ヌルは1797年に鉱物の収集をはじめ、10年間で11の鉱物コレクションを購入した。彼が所有する4000点の鉱物標本は、当時のドイツ全土で最高のコレクションだった。

世界でいちばん硬い鉱物

1985年、カリフォルニア大学バークレー校の科学者が、六方晶窒化炭素という物質を合成することができれば、自然界に存在するどの物質よりも硬いはずだと発表した。それから30年以上、多くの科学者が合成に挑戦しているが、肉眼では見えないほど小さな結晶しかできていない。

ダイヤモンドはなぜ硬い？

炭素のみからできている物質には、結晶構造をもたない無定形炭素と、結晶構造をもつ黒鉛とダイヤモンド

古代ローマの博物学者の大プリニウスは、宝石とその性質に強い興味をもっていた。彼が西暦77年に完成させた百科事典『博物誌』では、本物の宝石とまがい物を区別するには、ひっかいて傷ができるか比べてみるように勧めている。また、宝石の硬さには非常に幅があり、鉄でも傷つけられないものがあるとしている。

それからの数百年間、プリニウスの知恵は、鉱山の試掘をする人や、宝探しをする人や、宝石商の役に立ってきた。17世紀に地質学という分野が誕生すると、ひっかき試験は、あらゆる種類の鉱物を分類する簡便な方法として活用されるようになった。

モース試験

鉱物の硬度を調べるために広く行われているモース試験は、1822年にこの試験法を考案したフリードリヒ・モースにちなんで名づけられた。モースは裕福な銀行家の鉱物コレクションの標本を管理していたときの経験から、硬度などの物理的性質にもとづいて鉱物を分類する研究をはじめた。

モースは、代表的な鉱物を柔らかいものから硬いものへと順番に並べて1から10までの番号をつけ、傷のつけやすさにより鉱物の硬さを定義した。それぞれの鉱物は、より小さい番号の鉱物に傷をつけることができ、より大きい鉱物によってのみ傷つけられる。

モース試験を試してみたいなら10種類の鉱物と条痕板（鉱物をこすって粉末の色を観察するための板）が入ったモース硬度計も売っているが、簡単な試験なら身の回りにあるものでできる。あなたの爪の硬度は2.5、1ペニー銅貨は3.5（日本の十円玉も同じ）、ステンレス釘は5.5、磁器タイルの裏側のざらざらした面は6.5だ。ダイヤの指輪をしている人なら、硬度10まで測れる。

硬さにもいろいろある

モース試験は傷つきにくさを調べる試験だが、硬度の試験法にはあと2種類ある。一つは、試料の表面に硬いものを押しつけてどのくらい痕が残るかを調べる「押し込み試験」で、もう一つは、試料の上からハンマーを落としてどのくらいはね返るかを調べる「反発試験」だ。3種類の試験法はどれも科学や工学にとって重要だ。たとえば、曲げやすい金属は痕がつきやすいので、鋼のパイプなどの品質は、押し込み試験で容易にチェックすることができる。

の3種類がある。黒鉛は、炭素原子が六角形の網目状に整列した層が弱い結合で積み重なっているため、非常に柔らかい。これに対してダイヤモンドは、1個の炭素原子のまわりを4個の炭素原子が正四面体型（ピラミッド型）に取り囲み、それぞれが固く結合しているため、非常に硬い。

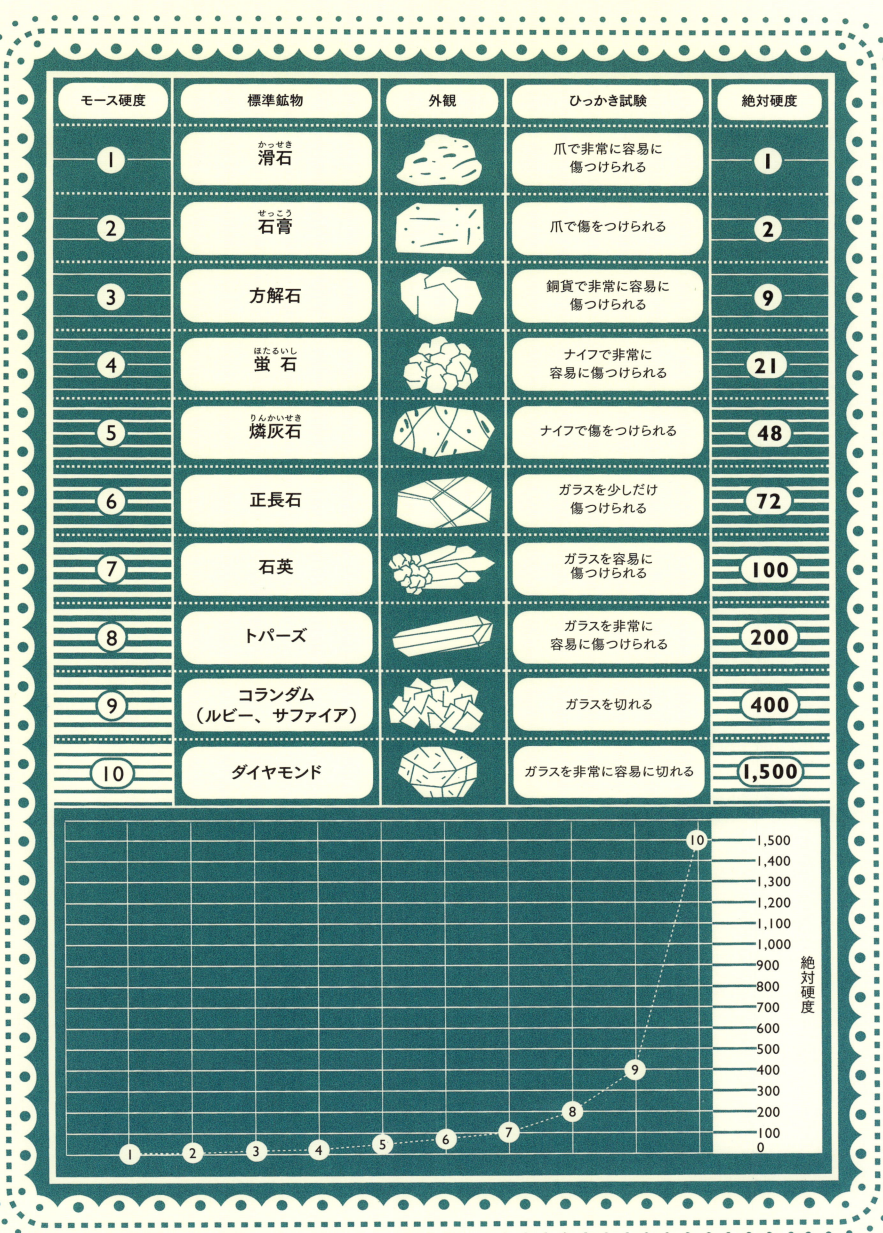

世界のしくみまるわかり図鑑

紙の寸法の国際規格

最初の紙は、紙すき工が紙をすくのに使う、金網をはった木枠と同じ大きさだった。紙商人がこの大きな紙を裁断して売っていたが、寸法の種類が増えすぎて不便になったため、20世紀初頭に国際規格が定められ、ようやく混乱がおさまった。

記念の石板
イタリアのボローニャには1293年から製紙工場があった。それから1世紀後、ボローニャ市は紙の標準寸法を決める条例を定めた。現在ボローニャの博物館には、この条例が指定する「インペリアーレ」「レアーレ」「メカーネ」「レクーテ」という4種類の紙の大きさを示す大理石の石板が展示されている。

紙にも革命を
1798年にフランスで公布された法律では、紙の寸法は短辺と長辺の比が1：√2、つまり、短辺の長さが1なら長辺の長さが1.4142になるようにしなければならないと定められていた。なぜこんな半端な数字にしたのか？ こうしておけば、長辺を半分に切ったときに（ペーパーナイフを使うにしてもギロチンのような裁断機を使うにしても）、短辺と長辺の比が変わらないからだ。

腕の長さが決め手？
アメリカのレターサイズは、紙すき工が44インチ（112cm）より幅の広い木枠を扱えなかった時代に決まったとする言い伝えがある。この紙を2回裁断すると11インチになる。

紙は、3世紀に中国で発明されて以来、世界中どこでも同じ単純な方法で手作りされていた。紙の原料を水に溶かしたものを容器に入れ、金網をはった木枠でくみ上げると、水に溶けていた繊維が金網に残る。これを乾かせば、へりがぎざぎざの紙ができる。

紙商人は、この紙を適当な寸法に裁断して売っていた。紙の寸法には数百種類あり、まぎらわしい上に無駄も多かったので、イタリアのボローニャ市当局は1398年に最初の標準規格を定めて混乱をおさめようとした（左のコラム参照）。

フランスでは、18世紀のフランス革命後に紙の革命が始まった。あらゆることについて新しい基準を定めようとした革命政府は、メートル法やキログラム法を定めたのに続き、1798年には紙の寸法を数種類に限定する法律を定めた。そのなかで最も大きい「グラン・レジストル」は、今日のA2と同じ寸法だった。

しかし、新しい法律だけでは状況は変わらなかった。フランスの印刷所はさまざまな寸法の紙を使いつづけた。ほかの国でも同様で、イギリスの紙商人は約290種類の紙を扱っていた。紙が本当に標準化されたのは、1922年にドイツの委員会が現在のAシリーズとBシリーズを定めたときだった。この規格はすぐにほとんどの国で採用されたが、例外もあった。

> かつてイギリスの紙の寸法は290種類もあり、「閨房のハエ」「特大の塊」「偉大なワシ」「砂糖の青」などの風変わりな名前がついていた。

アメリカのレターサイズ
アメリカの紙の寸法をはかるには、インチ目盛の定規が必要だ。アメリカの紙は、11インチ×8.5インチ（279mm×216mm）のレターサイズである。この寸法に決まった理由ははっきりしないが、1920年代までは、もっといろいろなサイズがあった。やがて、政府の二つの委員会が紙の寸法を決めることにしたが、お互いに、ほかの委員会も寸法を決めようとしていることを知らなかった。「紙の寸法の単純化に関する委員会」は今日使われているレターサイズに決め、「印刷に関する常設委員会」は10.5インチ×8インチ（267mm×203mm）に決めた。その後、規格の統一について話し合いがもたれたが、どちらの委員会も自分たちが決めた寸法を支持してゆずらなかったため、60年後にレーガン大統領が新しい標準寸法を決めるまで、両方の規格が使われつづけた。

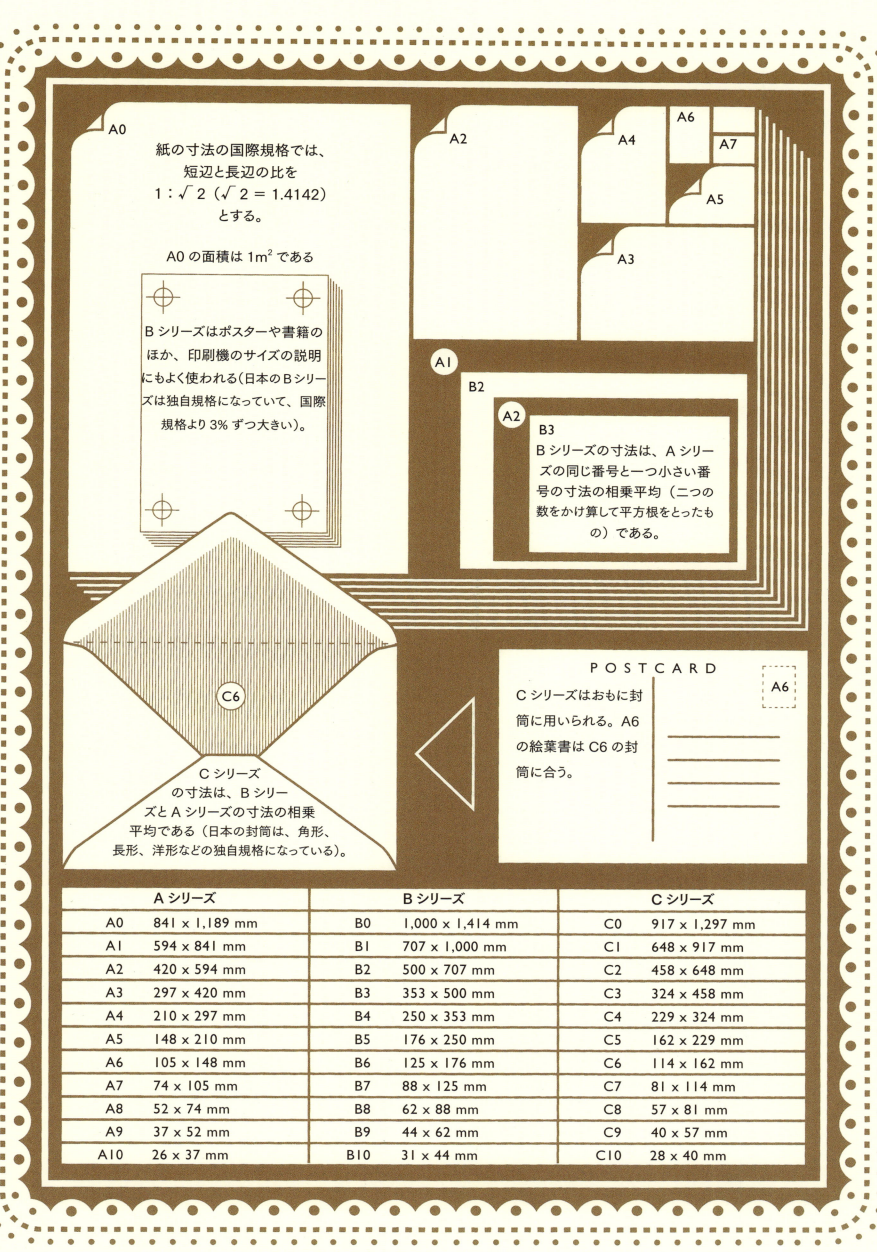

チャーリーとトムへ　　　ジェイムズ・ブラウン

ジリーとリアムへ。音楽について協力してくれたマーカス・ウィークスと
自転車について助言してくれたヨーク大学のウィル・マナーズに
心より感謝を捧げる。　　リチャード・プラット

A WORLD OF INFORMATION
by Richard Platt and James Brown
Text copyright © 2016 Richard Platt
Illustrations copyright © 2016 James Brown
Published by arrangement with Walker Books Ltd, 87 Vauxhall Walk, London SE11 5HJ.
Japanese translation rights arranged with Walker Books Ltd
through Japan UNI Agency, Inc., Tokyo.
All rights reserved. No part of this book may be reproduced,
transmitted or stored in an information retrieval system in any form or by any means,
graphic, electronic or mechanical, including photocopying, taping and recording,
without prior written permission from the publisher.

著者
リチャード・プラット　Richard Platt
作家。『海賊日誌――少年ジェイク、帆船に乗る』（岩波書店）でケイト・グリーナウェイ賞、スマーティーズ賞、ブルー・ピーター賞受賞。

ジェイムズ・ブラウン　James Brown
イラストレーター、版画家。ヴィクトリア＆アルバート博物館や英紙「ガーディアン」などで活躍中。

訳者
三枝小夜子（みえだ さよこ）
東京大学理学部物理学科卒業。翻訳家。ピーター・J・ベントリー『家庭の科学』（新潮文庫）など訳書多数。

世界のしくみ まるわかり図鑑

2017年9月10日　第1刷発行

著者　リチャード・プラット、ジェイムズ・ブラウン
訳者　三枝小夜子
発行者　富澤凡子
発行所　柏書房株式会社
東京都文京区本郷 2-15-13（〒113-0033）
電話 (03) 3830-1891［営業］
(03) 3830-1894［編集］
装丁・組版　株式会社デジカル
©Sayoko Mieda 2017, Printed in China
ISBN978-4-7601-4887-5